「今天也好累～」
一天結束，饑腸轆轆的客人們走進深夜食堂，
可以在此補充能量。
你的城鎮有這樣的「歸處」嗎？

吃了老闆的料理的客人們，
不僅感動於「真好吃！」，還會想起珍貴的回憶。
無可取代的每一道菜。
無論哪一道都充滿懷念的滋味。

喜愛漫畫《深夜食堂》的讀者，可能會想著：
「如果我的生活中也有這樣的食堂就好了。」
那麼，就讓這本書幫你將你家變成食堂。
有了場所，有了料理，屬於自己的空間就此誕生。

說不定，
你的家，就是最舒適的食堂。

希望大家都能在此找到獨一無二的味道。

菜單

第四章
今晚喝點酒！
想喝一杯，
搭配簡單的下酒菜
（料理／徒然花子）

第五章
深夜吃或減肥中都不怕！
可以盡量吃也
不會發胖的晚餐
（料理／重信初江）

本書料理規則

●一小匙是 5ml，一杯是 200ml。

●如果沒有特別說明火力，就請用中火。

●微波爐的火力通常用 600 瓦。若使用 500 瓦，則需要 1.2 倍的時間。此外，微波爐品牌不同，火力也會有所差異，請依情況自行調整。

●鍋具以平底鍋為主，最好是不沾鍋。

●高湯是以昆布和柴魚為主的日式高湯（市售的也 OK）。湯底可以使用固體粉末（市售的濃縮高湯粉），西洋風味或中華風味皆可。

●蔬菜類就算沒有特別說明，也請好好清洗並削皮後再烹飪。

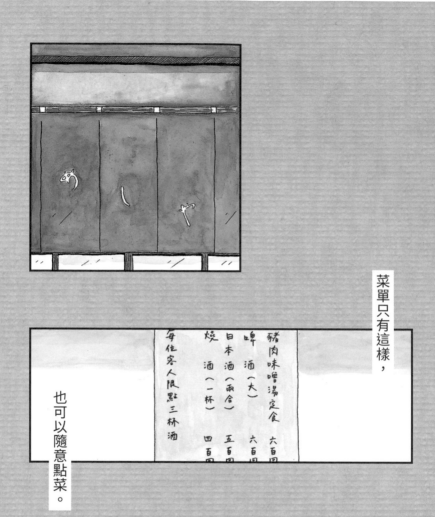

菜單只有這樣，

也可以隨意點菜。

每位客人限點三杯酒

豬肉味噌湯定食　六百圓
啤　酒（大）　六百圓
日本酒（兩合）　五百圓
燒　酒（一杯）　四百圓

食堂沒有菜單。

隨意點自己
喜歡的菜就好。

在家用餐，
就是要在喜歡的時刻，
盡情吃著喜歡的食物。

只要做得出來，
我都可以做喔。

如果我是老闆，
我會端出這樣的料理。

讓人覺得安心，
好像很熟悉，又好像有點新意……
在我擔任老闆的那一天，
如果能「療癒」到客人就好了。
我來當主廚的深夜食堂
能讓大家喜歡的話，
我會非常開心。

小堀紀代美

其實我最近在減肥，
所以很清楚深夜的時候吃東西，
真的非常有罪惡感。
因此我決定介紹可以輕鬆吃的美味食物。
我一直是漫畫《深夜食堂》的忠實讀者，
這次能當一日老闆，
真的非常高興！

重信初江

如果能當一日老闆？如果能接受客人隨意點菜？
本書便是知名料理家以此為本，用心研究出來的食譜。

正因為是「深夜」，所以有想吃的食物。
我是漫畫《深夜食堂》的書迷，
心裡一面想著漫畫裡的故事，一面做料理。
我想要做出寄託著客人心情的菜餚。
獻上身為一日老闆的心意！

Akiko Sakata（坂田阿希子）

365 天，每天晚上都想喝一杯。
如果我開食堂的話，
希望能跟客人一面喝酒一面做菜。
所以一定會迅速做出
簡單的下酒菜。
請務必一手拿著啤酒，
輕鬆地試做看看！

ツレヅレハナコ（徒然花子）

辛苦了。
今天在家裡
享受深夜食堂的方法是……

1 不想費力

→ 第一章

5分鐘速成的
絕品料理

簡單但非常好吃！
只要想著5分鐘就能做好，
心情就輕鬆了♪

2 就是很餓！

→ 第二章

饑腸轆轆
的時候，
令人飽足的飯菜

能夠果腹的動人菜單，
稍微需要費點功夫。
一定要做給重要的人吃喔！

3 身體狀況不好的時候

→ 第三章

對身體有益的
療癒系料理

> 好像要感冒了、腸胃不太好、或是身體不舒服的時候，能讓人精神一振的溫和滋味。

4 今晚想喝點酒

→ 第四章

想喝一杯，
搭配簡單的下酒菜

> 一口接著一口，簡單的下酒小菜擺上一桌，乾杯！

5 雖然在減肥，
還是想吃點什麼……

→ 第五章

就算在深夜吃
也不會胖的飽足料理

> 不只健康，份量也很夠，讓人吃起來沒負擔。還可以吃到很多蔬菜。

~~~ 第一章 ~~~

\ 5分鐘速成！/

我家的深夜食堂
料理前 10 名

疲倦地回家時，
5分鐘就能做好，
不妨試試看。
迅速又美味，
這就是食堂的絕活！

回家立刻就能開吃……
這就是能夠持續自炊的祕訣。
手藝高強，可以做得比平時更好吃。
由四位料理職人用心研發的最佳菜單。

濃厚的鰹魚滋味，搭配鹽和橄欖油調味的一道菜。

鹽漬鰹魚

材料（2人份）

炙燒鰹魚（切片）…100g
紫洋蔥…¼ 顆
蒜泥…⅓ 小匙
鹽…¼ 小匙
橄欖油… 1 小匙
酸橘… 1 顆

做法

1 　紫洋蔥以逆著纖維的方向細切。

2 　鰹魚抹上蒜泥和鹽（留少量給紫洋蔥用）。

3 　步驟 *1*、*2* 裝盤，剩下的鹽拌在紫洋蔥裡。淋上橄欖油，裝飾對半切的酸橘即完成。（重信初江）

＃鹽和橄欖油 ＃現代和食
＃ 5 分鐘小菜

料理的訣竅

使用紫洋蔥的話
不必過水也ＯＫ

紫洋蔥辣度低，直接使用很方便。顏色也漂亮，看起來很時髦。使用切片的鰹魚可以節省時間。

（第 17 集〈炙燒鰹魚〉）

這種鰹魚小菜，偶爾只用鹽調味，享受食材本身的味道也不錯。

#炸火腿 #油炸物 #簡單 #配啤酒 #火腿薄切

從以前到現在都廣受喜愛，食堂必備的菜色。
看似麻煩的油炸物，只要用薄切火腿就變簡單了！

炸火腿

材料（2人份）

火腿片（3公釐厚）…4片
麵粉、蛋汁、麵包粉、油炸用油
　…各適量
高麗菜…2片切絲
辣醬油…適量

做法

1　火腿依序蘸麵粉、蛋汁、麵包粉，以180
　　度的熱油炸到呈棕色。

2　裝盤，加上洗過的高麗菜絲和辣醬油，也可
　　以依照個人喜好搭配塔塔醬。（坂田阿希
　　子）

現做塔塔醬

材料（2人份）與做法

醃黃瓜（小條）3條細切，美奶滋
3大匙，鹽、白胡椒少許，白煮蛋
2顆粗切，混勻即可。

（第7集〈炸火腿〉）

這樣的油炸物就不難做了吧。

炸火腿，久等了。

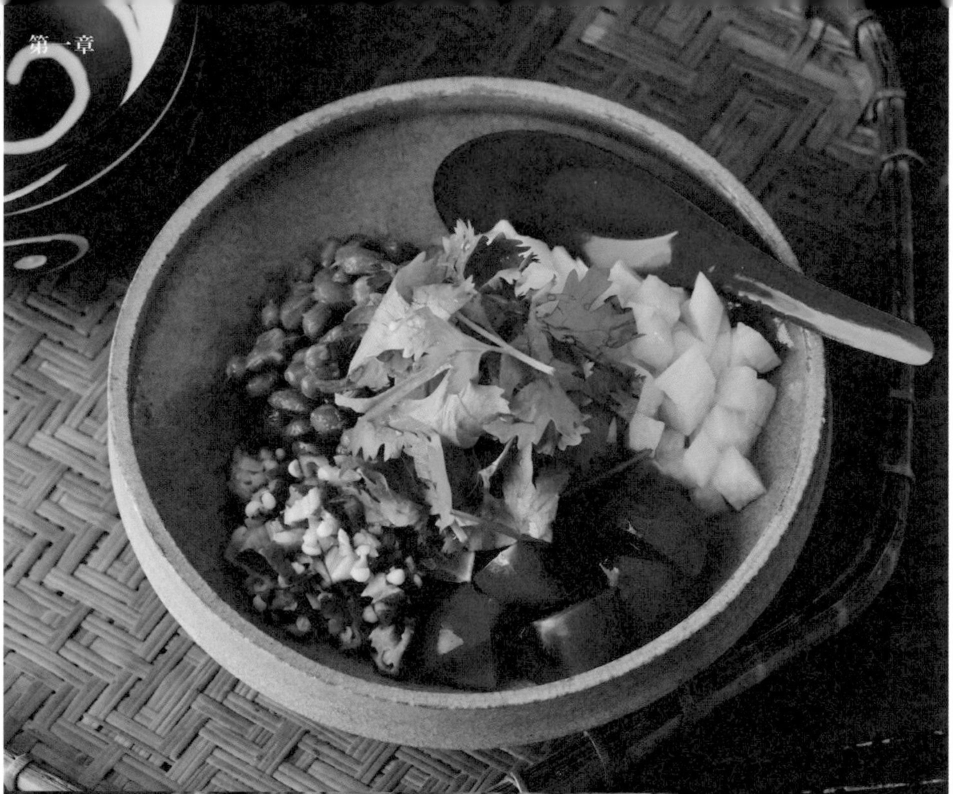

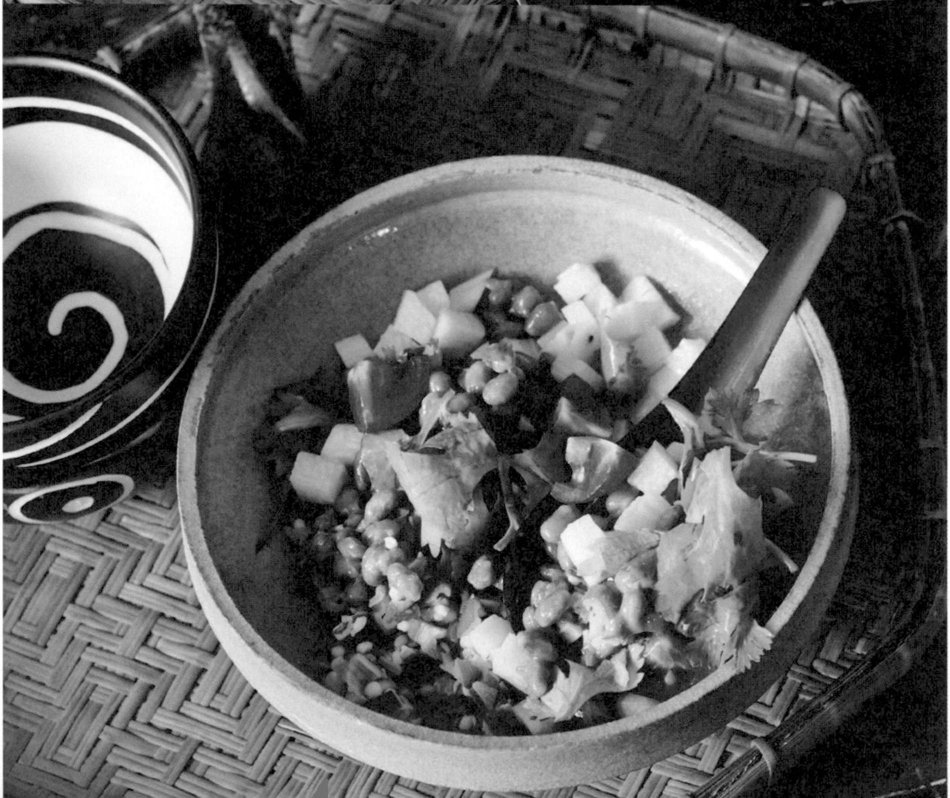

日式料理常見的「黏黏食材」，
意外地跟異國風味很相搭！

黏黏菜
～異國風味～

料理的訣竅

以魚露和香菜
調配出的異國風味

納豆和秋葵這種和風食材加上魚露、香菜和麻油，立刻變身異國料理，說不出的美味！

材料（2人份）

納豆…1 盒
山藥…60g
秋葵…4 條
小番茄…2 顆
香菜…適量
魚露…½ 大匙
麻油…1 小匙

做法

1　山藥切成 5 公釐見方，秋葵水煮後切碎。小番茄切成 8 等份，香菜切成 2 公分長。

2　納豆和蔬菜裝盤，淋上魚露和麻油，攪拌均勻即完成。
（徒然花子）

#黏黏食材
#異國風味的黏黏料理 #拌勻即可
#令人上癮的滋味 #保證愛上 #瞬間完成

魚露是泰國的「魚醬」。黏黏菜搭配日式醬油也好吃，但用泰國的調味料會口味一新。

（第 14 集〈黏黏菜〉）

Q彈有勁的烏龍麵，令人懷念的食堂菜色。

拿波里烏龍麵

材料（2人份）

冷凍烏龍麵…2 份

洋蔥…½ 顆

青椒…2 顆

蘑菇…4 個

紅香腸…3 條

小番茄…4 顆

鹽…1 撮

醬油…1 又 ½ 小匙

粗粒黑胡椒…適量

番茄醬…5 ～ 6 大匙

橄欖油…2 大匙

溫泉蛋（市售品）…2 顆

乳酪粉…少許

做法

1 洋蔥細切，青椒去籽後切成圈狀。蘑菇去掉根部，切薄片。香腸斜切成 1.5 公分長。烏龍麵依包裝上的指示煮好，過水去黏性，篩掉多餘水分。

2 鍋裡下橄欖油，以稍強的中火加熱，放入香腸、洋蔥、蘑菇、小番茄翻炒。加入鹽、黑胡椒、⅔ 的番茄醬繼續炒。再加入烏龍麵和剩餘的番茄醬以大火翻炒，最後放進青椒快炒，淋上醬油拌勻，關火。

3 裝盤，放上溫泉蛋，撒上黑胡椒和乳酪粉。依照個人喜好加上巴西里末也 OK。（小堀紀代美）

料理的訣竅

常備冷凍烏龍麵
非常方便

冷凍庫裡常備冷凍烏龍麵很方便。煮熟的時間短，獨特的嚼勁很吸引人。

這比煮義大利麵更快速吧！不妨試試新的美味。

每次看到別人吃什麼都要照點的真由美，好像不喜歡拿波里烏龍麵，並沒有點來吃。

（第 14 集〈拿波里烏龍麵〉）

#拿波里烏龍麵 #冷凍烏龍麵 #義大利麵也不錯啦 #冷凍烏龍麵很方便

泡菜豬肉加入牽絲的香濃乳酪,吃起來好幸福。

起司泡菜豬肉
～韓式起司辣炒雞風味～

材料(2~3人份)

豬肉片…200g
泡菜(推薦使用陳年醃漬的)
　…100g
披薩用乳酪…100g
A ┌ 酒…1 大匙
　│ 醬油…1 小匙
　└ 蒜泥…⅓ 小匙
白芝麻…適量
麻油…1 小匙

做法

1　麻油倒進平底鍋或小煎鍋以稍強的中火加熱。加入豬肉炒 1 ～ 2 分鐘,還沒完全熟時加入泡菜,繼續炒 1 分鐘,用 A 調味。

2　在鍋邊空間放上乳酪,轉小火加熱 1 ～ 2 分鐘讓乳酪融化,撒上芝麻即完成。(重信初江)

(第 5 集〈泡菜豬肉〉)

豬肉搭配融化的乳酪一起吃。

尋常的泡菜豬肉加入乳酪,就變成一道新料理了。

#喜歡乳酪 #難以抵擋 #不是韓式辣炒雞而是泡菜豬肉 #晚上喝一杯 #5分鐘晚餐

簡單卻令人感動的滋味！用常備食材就能完成的好吃小菜。

炒鹹牛肉

材料（2人份）

鹹牛肉罐頭…1 罐
馬鈴薯…1 顆
蔥花…2 根
醬油、醋…各 1 小匙
鹽、粗粒黑胡椒…各少許
橄欖油…½ 大匙

料理的訣竅

快速煮熟的祕訣是
馬鈴薯絲

馬鈴薯切絲炒，不用先水煮
也能很快熟。絲切粗一點也
OK。

做法

1　馬鈴薯削皮後切絲，迅速沖水甩乾。

2　以稍強的中火熱橄欖油，炒馬鈴薯絲加鹽。
　放入鹹牛肉炒碎，加進醬油、醋炒勻，最
　後撒上黑胡椒和蔥花。（小堀紀代美）

＃炒鹹牛肉 ＃鹹牛肉
＃罐頭 ＃罐頭小菜
＃喝啤酒小心不要過量

（第 5 集〈罐頭〉）

把下酒菜當成配菜，

只要添加味噌的簡單食譜。

梅肉小黃瓜

材料（2人份）

小黃瓜⋯2 條　　　　醬油⋯½ 小匙
梅乾⋯2 大個　　　　麻油⋯少許
白芝麻⋯2 大匙

做法

1　小黃瓜對半直切，挖掉籽輕輕拍裂，隨意切塊。
　　適度撒上額外的鹽，放置一會兒出水後濾乾。

2　白芝麻粒輕輕研磨（沒有研缽就用白芝麻粉），
　　加上切碎的梅乾、醬油、麻油混勻。

3　最後加入步驟 1。

酒釀小黃瓜

材料（2人份）

小黃瓜⋯7 ～ 8 條
青紫蘇⋯20 片
白芝麻油（沒有的話就用沙拉油）⋯2 小匙
A ┌ 酒、味噌⋯各 3 大匙
　│ 砂糖⋯1 又 ½ 小匙
　└ 醬油⋯少許

做法

青紫蘇切碎，熱鍋以白芝麻油拌炒，用 A 調味。加
入小黃瓜即完成。（坂田阿希子）

#梅肉小黃瓜　#酒釀小黃瓜　#小黃瓜
#小黃瓜料理　#你喜歡哪一種？

酒釀小黃瓜

（第14集〈酒釀小黃瓜與梅肉小黃瓜〉）

梅肉小黃瓜

#谷中生薑 #在家用蘘荷 #肉卷 #照燒女子 #剩菜做成明天的便當

使用一年到頭都能入手的食材「蘘荷」製作大人口味的肉卷。
照燒風味和清爽的蘘荷非常相配。

生薑肉卷

材料（2人份）

豬肩胛肉片…8 片（約 250g）
蘘荷…4 個
青紫蘇…4 片
麵粉…少許
酒、醬油、味醂…各 1 大匙
沙拉油…1 大匙

做法

1　蘘荷直切成 4 塊。青紫蘇對半切。

2　攤開肉片，放上青紫蘇和蘘荷，捲起來後
　　蘸一點麵粉。

3　熱油鍋，將步驟 2 放進鍋裡。熟了之後加
　　入酒、醬油、味醂煮到收汁即完成。（徒
　　然花子）

谷中生薑肉卷
大受好評，
但是有季節限制，
無法隨時吃到。
改用蘘荷做也很美味。

（第 19 集〈谷中生薑肉卷〉）

一個平底鍋就搞定！軟嫩濃稠的半熟蛋。

番茄炒蛋

材料（2～3人份）

番茄…1 顆
A ┌ 雞蛋…3 顆
　├ 紅糖…1 小匙
　└ 鹽…¼ 小匙
紅辣椒（去籽）…1 條
蔥花…適量
鹽…1 撮
粗粒黑胡椒…少許
白芝麻油（沒有的話就用沙拉油）
　…2 大匙

做法

1 番茄切成 2～3 公分的塊狀。把 A 的蛋打散。鍋裡加入 1 又 ½ 匙白芝麻油加熱，將 A 一口氣倒入，用矽膠鍋鏟大幅度翻炒後取出（半熟狀態）。

2 將辣椒、番茄和剩下的白芝麻油下鍋，撒鹽翻炒，再加入 2 大匙水繼續煮。

3 水分蒸發後加入蔥花，將半熟蛋重新下鍋，迅速加熱讓蛋跟番茄混合。裝盤，撒上黑胡椒。（小堀紀代美）

料理的訣竅

將炒到一半的蛋暫時取出
是做出半熟蛋的祕訣

雞蛋用大火翻炒後，暫時取出。最後只要
再次下鍋迅速混合，就可以裝盤了。

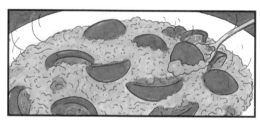

（第 12 集〈番茄炒蛋〉）

在料理教室也大受好評的菜色之一。蛋液裡加砂糖是祕方。

#番茄炒蛋 # 5分鐘就能完成令人感動的美味 #軟嫩濃稠 #半熟 #喜歡雞蛋 #抓到訣竅就很簡單!

回家時什麼都不想做的日子，
只要有好吃的白飯跟柴魚片，就是最棒的一餐。

貓飯

材料（2人份）

熱白飯…2 碗
柴魚片…大量
醬油…少許
橄欖油…適量

料理的訣竅

淋上橄欖油增添香味

柴魚片搭配醬油的日式口味
是貓飯的招牌，加上橄欖油
更是錦上添花，跟醬油太相
配了。

做法

煮好的飯盛碗，加入大量柴魚片和醬油，
再淋一點橄欖油即完成。（坂田阿希子）

＃貓飯 ＃超省事料理
＃只要有白米就行 ＃最棒的一餐
＃橄欖油 ＃超下飯

日式調味料加入橄欖油，就有了新發現。

（第 1 集〈貓飯〉）

―――― *Column 1* ――――

＼ 就算很忙也能立刻上菜！ ／

存糧善用術

不必特地去買食材，就能快速做出飯菜。
在此介紹方便的存糧食材。
沒有時間煮飯或是準備便當的時候就不必擔心了。

1 ⎰ 冷凍保存食材

菇類

即使冷凍，口感也不會變差，甚至變得更好。先處理成適口的大小放入冷凍袋保存，要用的時候取出需要的量即可。

蔥

青蔥和蔥花之類的切好裝進冷凍袋。要用的時候取出適當的量直接下鍋。

海鮮

蝦子和魚片在特價時可以大量購入，冷凍起來，要用的時候很方便。冷凍蝦仁之類的買回來直接保存即可。

肉類

分成 100g、200g 這樣容易使用的小份量冷凍起來。可以室溫解凍、要用的前一天從冷凍庫拿出來放進冷藏，或是微波解凍。

p.121 各種豬肉卷

p.57 精力豬肉丼

2 { 常備的便利食材

罐頭	烏龍麵和白飯	醃漬物	雞蛋和乳酪
鮪魚、鹹牛肉、玉米粒等罐頭都可以買著備用。只要加上一點青菜，很快就可以做出各種小菜。	冷凍烏龍麵或乾麵是肚子餓時的快速餐點。煮好的白飯分成小份，用保鮮膜包起來冷凍。	本書使用梅乾、柴漬、辣韭、泡菜等醃漬物做出許多好吃的料理。	無法長期保存，卻是每天常用的食材。快速做菜時一定要有。

p.24 炒鹹牛肉　　　p.67 芝麻醬涼麵　　　p.22 泡菜豬肉　　　p.90 各種雞蛋料理

3 { 做好後冷藏或冷凍的即食料理

把做好的飯菜裝進保存容器，放進冰箱冷藏或冷凍，
加熱後就是現成的配菜或便當了。視情況盡早食用。

(Point 1)

放越久越好吃的料理

滷蛋和燉煮的料理都是味道越放越好，適合冷藏。此外，即使冷凍口感也不會變的料理，煮好放冷凍很方便，一、兩個月後仍舊好吃。

(Point 2)

分成小份量冷凍保存

冷凍的時候分成一餐的份量。使用微波爐加熱時火力不要太強。

燉飯、俄式酸奶牛肉、燉菜這類料理放冷凍也 OK。

第二章

＼ 絕品！／

饑腸轆轆的時候，令人飽足的飯菜

第二章的老闆是…

坂田阿希子 小姐

Profile

累積在法式甜點店和餐廳的經驗之後，獨立創辦「Studio SPOON」料理教室。以專業的手法做出各式各樣的家庭料理，大受好評。老家在新潟，非常喜歡米飯跟日本酒。無論是洋食、和食還是異國風味料理，從普通小菜到甜點樣樣精通。著有《番茄之書》、《馬鈴薯之書》（東京書籍出版）、《抓飯與焗飯》（立東舍出版）、《三明治指南》、《湯之指南》（東京書籍出版）等全六本指南系列，以及《清爽嶄新的低糖甜點》（繁中版由邦聯文化出版）等書籍。2019年11月，位於東京代官山SIDE TERRACE大樓的洋食店也開幕了。「Studio SPOON」官網：http://www.studio-spoon.com/

一天結束後肚子好餓！
本章介紹能讓全家人都想吃的菜色。
除了餃子跟炸雞這種必備料理，
你應該能從中找到自己的招牌菜。
在家放鬆地享受，最幸福的一道菜。

咬一口滿滿多汁的半熟炸牛排，最奢華的料理。

炸牛排

材料（2人份）

牛里肌肉…2 片（200～300g）
鹽、黑胡椒…各適量
麵粉、生麵包粉、油炸用油、豬油
　…各適量
A ┌ 蛋汁…½ 顆
　│ 水…1 大匙
　└ 麵粉…2 大匙
多蜜醬汁（demi-glace sauce）
　…適量

#炸牛排 #炸牛肉
#半熟炸物 #半熟 #喜歡牛肉
#多蜜醬汁很美味

做法

1　牛肉從冰箱拿出來放置 1～2 小時回溫。兩面抹上鹽、黑胡椒和麵粉，放回冰箱冷藏 30 分鐘。

2　生麵包粉磨碎。將步驟 *1* 的牛肉上多餘的麵粉拍掉，依序蘸上混合均勻的 A 和生麵包粉。

3　豬油加進油炸用油（比例：油炸用油 500ml、豬油 250g）加熱到 200 度，加入步驟 *2*。油炸大約 30 秒，起鍋晾 3 分鐘。重新下油鍋，再炸大約 30 秒，放置 2～3 分鐘。

4　切好裝盤，淋多蜜醬汁。依照個人喜好加上水芹或檸檬角。

多花一點功夫，讓炸牛排更出色！

美味的法式多蜜醬汁

材料（容易做的份量）

洋蔥…½ 顆
紅蘿蔔…½ 根
西洋芹…¼ 條
番茄…1 小顆
紅酒…½ 杯
A ┌ 多蜜醬汁…1 罐
　└ 牛肉高湯粉…½ 小匙
鹽…適量
奶油…50g

做法

1　30g 奶油熱鍋融化，洋蔥、紅蘿蔔、西洋芹分別切成 1 公分見方，慢炒 15～20 分鐘軟化，倒入紅酒，轉大火蒸發酒精。

2　加入切丁的番茄，一面壓扁一面炒，再加入 A 煮 5～6 分鐘後稍微放涼。

3　用食物料理機打勻，過篩。再度下鍋加熱，視情況加鹽調味，最後加入剩餘的奶油。

炸牛排，
久等了。

（第7集〈炸物〉）

蘸醬油或其他醬料也
很好吃，但如果使用
這種多蜜醬汁，炸物
就能變得更好吃喔。

外表酥脆，內餡鮮嫩多汁！

小黃瓜和雞蛋的不同口感是美味的關鍵。

煎餃
～炒蛋和小黃瓜餡～

（第 5 集〈煎餃〉）

材料（約20個）

餃子皮…約 20 張
豬絞肉…200g
小黃瓜…1 條
雞蛋…2 顆
A ┌ 醬油…2 大匙
　├ 鹽…⅓ 小匙
　├ 酒…1 大匙
　├ 蔥花…1 根
　├ 薑泥…1 大塊
　└ 蒜泥…⅓ 小匙
白芝麻油、麻油…各 2 小匙
沙拉油…1 大匙

料理的訣竅

祕密食材：小黃瓜和炒蛋
讓人一吃就上癮

把小黃瓜和炒蛋混進絞肉裡，讓煎餃吃起來外脆內軟，絕對會令人上癮。

做法

1　小黃瓜切成大約 5 公釐見方，以麻油在鍋裡加熱，快速炒過，起鍋冷卻。轉大火熱白芝麻油，迅速炒蛋。

2　絞肉放進大碗，加入 3 大匙水、A 和步驟 1，攪拌均勻。

3　攤平餃子皮，包進步驟 2，在餃子皮邊緣抹一點水，對折後捏出折子封好。

4　熱油鍋，放上餃子加熱。稍微變色後，倒進 ½ 杯水，蓋上鍋蓋轉中火，讓水幾乎收乾。打開鍋蓋轉大火，淋上額外的白芝麻油，煎到餃子周圍的皮都酥脆為止。依照個人喜好蘸醋、辣油、醬油等食用。

#餃子 #餃子一族
#酥脆 #飽滿豐腴 #多汁

入口的一瞬間不知道內餡是什麼。祕密食材的口感出乎意外，你會發現嶄新的美味。

#蛋包飯 #軟嫩濃稠 #雞蛋 #雞肉炒飯 #半熟蛋 #成功

從以前到現在，

無論大人或小孩，

大家都喜愛的料理之王。

蛋包飯

最極致的香滑軟嫩，切開後在飯上散開的模樣。

材料（2人份）

熱白飯…320g

雞蛋…6 顆

雞腿肉（加入雞胸肉也 OK）
　…120g

洋蔥…¼ 顆

蘑菇…4 個

奶油…2 大匙

A ┌ 鹽…½ 小匙
　│ 黑胡椒…少許
　│ 番茄醬…3～4 大匙
　└ 番茄糊…1 小匙

白酒…2 小匙

鹽…1 撮

B ┌ 奶油…1 小匙
　└ 沙拉油…2 小匙

番茄醬，或是自製番茄醬汁
　…適量

做法

1　雞肉跟洋蔥都切成 1 公分見方。蘑菇切薄片。

2　鍋裡加熱奶油融化，放進雞肉炒至變色，再加入洋蔥和蘑菇拌炒。加入 A 繼續炒。

3　加入白飯和白酒炒勻，起鍋。

4　大碗打 3 顆蛋，加少許鹽。鍋裡加熱一半份量的 B，開大火一口氣將蛋汁全部倒進去，做成蛋捲狀。同樣的方式再做一個蛋捲。放在步驟 3 上，淋番茄醬或番茄醬汁，也可以加入巴西里。

自製番茄醬汁在第47頁有介紹喔。

（第 5 集〈蛋包飯〉）

（第 2 集〈馬鈴薯燉肉〉）

料理的訣竅

用豬油代替一般用油
是美味的祕訣

豬油是豬的油脂，加熱就會
立刻融化。超市等地都買得
到，一定要買來備用。

不加水燉煮而成，
充滿牛肉美味的溫暖煮物。

馬鈴薯燉肉

#馬鈴薯燉肉 #媽媽味小菜 #無水料理 #熱呼呼 #大家都喜歡

材料（2人份）

牛肉片…400g
馬鈴薯（推薦男爵馬鈴薯）
　…3 ～ 4 顆
洋蔥…1 大顆
珠蔥…4 根
蒟蒻絲（比較粗的）…1 袋
豬油…20g
酒…1 杯
砂糖…3 ～ 4 大匙
醬油…4 大匙

做法

1　牛肉如果比較大塊的話，就切成容易入口的大小。馬鈴
薯削皮切成適口的大小。洋蔥切絲。珠蔥切成 4 ～ 5 公
分長。蒟蒻絲用熱水快速燙過，切成 2 ～ 3 等份。

2　鍋裡加熱豬油融化，放入一半份量的牛肉炒到表面微焦，
加進馬鈴薯繼續炒。蓋上鍋蓋轉稍弱的中火燜燒大約 10
分鐘。待牛肉變硬、馬鈴薯表面呈透明之後，加入洋蔥和
蒟蒻絲。

3　放入剩下的牛肉、酒和砂糖，蓋上鍋蓋，以稍弱的中火燜
燒大約 10 ～ 15 分鐘至馬鈴薯軟化為止。

4　倒入醬油，蓋上鍋蓋繼續燜煮 5 ～ 6 分鐘。放入珠蔥，
蓋上鍋蓋燜煮 5 分鐘。最後搖晃鍋子讓所有食材均勻混
合。

簡單的美味，吃了還想再吃，想要一輩子品嚐的一道料理。

中華涼麵

材料（2人份）

中華麵…2～3份
火腿…3～4片
雞蛋…2顆
高麗菜…4片
洋蔥…½顆
小黃瓜…1條
乾香菇…4朵
番茄…1顆

A 　高湯…1杯
　　泡香菇的水…½杯
　　砂糖、醬油…各2大匙
　　味醂…1大匙

〈醬汁〉

　醋…4大匙
　醬油…½杯
　砂糖…1又½大匙
　黃芥末…1～2小匙

做法

1　乾香菇泡開，下鍋加入 A，煮沸後轉小火蓋上鍋蓋。煮到收汁，切薄片。

2　高麗菜迅速燙過瀝乾。洋蔥切絲過水。番茄切薄片。小黃瓜切絲。火腿細切。醬汁的材料混合均勻。

3　把蛋打散，加入額外的少許鹽，做成薄蛋皮後切成細絲。

4　中華麵煮熟過水，用冰水冰鎮，瀝乾後裝盤。淋上一半份量的醬汁，擺放各種配料，加入剩下的醬汁。依照個人口味也可以加入額外的黃芥末。

（第6集〈中華涼麵〉）

#中華涼麵
#中華涼麵登場
#夏日料理 #必吃
#活過來了～
#想吃涼麵

薄薄的麵衣一切開，
溢出濃郁的蟹肉奶油令人難以抗拒。

蟹肉奶油
可樂餅

淋上
番茄醬汁
跟蟹肉奶油一起享用

我開動了。

（第 11 集〈蟹肉奶油可樂餅〉）

#蟹肉可樂餅 #蟹肉奶油可樂餅 #手作 #濃郁香滑 #自家食堂

材料（12個）

蟹肉（煮熟的）⋯200g
洋蔥⋯1顆
麵粉⋯80g
奶油⋯50g＋1大匙
牛奶⋯3杯
鹽⋯½小匙＋⅓小匙
白胡椒⋯適量
白酒⋯¼杯
檸檬汁⋯少許
油炸用油、麵粉、麵包粉
（搗碎）⋯各適量
A ┌ 蛋汁⋯½顆
　│ 水⋯1大匙
　└ 麵粉⋯2大匙
番茄醬汁、巴西里⋯各適量

做法

1　奶油50g熱鍋融化，加入麵粉翻炒均勻。慢慢倒入少量牛奶，注意不要結塊，再加入½小匙鹽和少量胡椒。

2　洋蔥切絲，鍋裡加1大匙奶油翻炒。熟了之後放入蟹肉、白酒以大火煮。撒上⅓小匙鹽、少量胡椒和檸檬汁。

3　混合步驟1和2，在平底盤內攤平放進冰箱，冷卻至凝固為止。

4　手上塗額外的沙拉油，把步驟3分成12等份，捲成小圓筒狀。依序蘸上麵粉、混合好的A和麵包粉，以170度的油炸到呈棕色。巴西里也迅速炸一下，稍微撒一點額外的鹽。

5　番茄醬汁倒進盤中，放上步驟4即完成。

口感濃郁，滋味高雅的醬汁。

番茄醬汁

材料（容易做的份量）

番茄糊⋯70g
培根⋯30g
洋蔥⋯½顆
紅蘿蔔⋯¼根
大蒜⋯1瓣
奶油⋯40g
雞高湯⋯2杯（2杯水加上雞高
　湯粉½小匙）
麵粉⋯20g
砂糖、鹽⋯各1小匙
黑胡椒⋯少許
月桂葉⋯1片
檸檬汁⋯½小匙

做法

1　蒜瓣壓碎，洋蔥、紅蘿蔔、培根切成1公分見方。

2　奶油20g熱鍋，炒大蒜和培根。散出香味後加入洋蔥和紅蘿蔔炒熟。撒上麵粉，翻炒至全熟。

3　慢慢加入雞高湯、番茄糊、砂糖、鹽、黑胡椒和月桂葉，小火煮約15分鐘。過篩，將多餘汁液放到別的鍋裡（菜渣要過篩清除乾淨）。

4　開火熱鍋，分批加入切塊的20g奶油，最後加進檸檬汁。

稍微裹上麵衣輕炸的鮮甜玉米粒。簡單的油炸食品。

炸玉米餅

（第 21 集〈玉米炸餅〉）

材料（2人份）

甜玉米…1 根
香菜…1 把
麵粉…適量
蛋汁…½ 顆（2 大匙）
冷水…¼ 杯
油炸用油…適量
鹽、檸檬…各適量

#甜玉米 #炸物
#香菜

做法

1 用刀切下甜玉米粒，香菜切碎。

2 放入碗中拌勻，撒上 30g 麵粉混合。加入蛋汁和冷水輕輕攪拌。

3 將步驟 2 用湯匙放進 170 度的油炸用油炸到焦黃，最後加上鹽和檸檬。

料理的訣竅

香菜增添香味

加入香菜能讓風味完全改變，更能彰顯玉米的香甜。玉米很容易爆開，請注意油的溫度不要太高。

材料（2人份）

雞腿肉…2 份
鹽、黑胡椒、麵粉、蛋汁…各適量
A ┌ 醋、醬油…各 2 大匙
　 └ 砂糖、水…各 1 大匙
〈塔塔醬〉
┌ 白煮蛋…2 顆切碎
│ （蛋白的水分用餐巾紙吸乾）
│ 米糠漬小黃瓜之類的醃菜
│ 　…¼ 條切碎
│ 辣韭…3 ～ 4 條切碎
│ 美奶滋…6 大匙
└ 辣醬油、鹽…各少許

做法

1 　將雞腿肉厚的地方切薄，讓厚薄均勻。用
　　叉子在雞皮上戳洞，稍微撒一點鹽和黑胡
　　椒，裹上足夠的麵粉。

2 　蘸上蛋汁，用 170 度的油炸用油慢慢炸。
　　最後將火力稍微轉強，炸到酥脆後取出，
　　淋上混合的 A。

3 　混合塔塔醬的材料，加入步驟 *2*，也可以加
　　上生菜絲、切塊的番茄或巴西里。

使用米糠漬物和辣韭製作的塔塔醬非常美味！

南蠻雞

（第 14 集〈南蠻雞〉）

好吃的牛肉與鮮奶油交織出肉腴脂肥的美味。

俄式酸奶牛肉

材料（4人份）

薄切牛腿肉片…300g

洋蔥…1 顆

蘑菇…6 ～ 7 個

番茄糊…2 大匙

牛高湯罐頭…1 罐（280g）

白酒…½ 杯

麵粉…20g

鮮奶油…1 杯

原味酸奶…½ 杯

鹽…1 小匙

黑胡椒…少許

奶油…20g + 1 大匙

沙拉油…2 大匙

蒔蘿…4 把切碎

熱白飯…適量

做法

1　蘑菇切成 5 公釐見方。牛肉切成 1 公分左右的大
小。鍋裡熱一半份量的沙拉油，大火迅速炒一下
牛肉，變色後加一點額外的鹽和黑胡椒，立刻取
出。繼續加熱剩下的沙拉油，炒蘑菇後取出。

2　奶油 20g 下鍋炒切絲的洋蔥，軟化後加上番茄糊
炒，撒上麵粉繼續炒。倒進白酒，轉大火。

3　白酒煮到剩下一半的量，倒進牛高湯罐頭繼續煮。
加進步驟 1 輕輕混合，再加入混勻的鮮奶油和酸
奶，用鹽和黑胡椒調味。

4　白飯上撒蒔蘿和 1 大匙奶油混勻後裝盤，澆上步
驟 3，若有剩下的蒔蘿可用來裝飾。

（第 3 集〈俄式酸奶牛肉〉）

只要有罐頭，在家就能做出正統風味。可以搭配第 52 頁介紹的「奶油飯」，同樣可口對味。

料理的訣竅

使用牛高湯罐頭
就能做出簡單的正宗味
道！

牛高湯是法式料理的基礎，
用小牛的肉和骨頭熬出來的
高湯。使用罐頭立刻就能做
出正宗的味道！在超市都買
得到。

\# 正宗料理　\# 意外簡單　\# 先炒香再燉煮　\# 白飯終結者　\# 牛高湯之神　\# 好吃到爆

用生米炒熟煮好，最高級的燉飯。

加上醬油或是煮物都很好吃。

奶油飯

材料（容易做的份量）

白米…2 杯（340g）
洋蔥…½ 顆
A 雞高湯…2 杯
　 月桂葉…1 片
　 鹽…⅔ 小匙
奶油…30g

做法

（第 3 集〈奶油飯〉）

1　米洗好瀝乾水分，洋蔥切絲。

2　奶油熱鍋融化，慢炒洋蔥至軟化，加進白米炒到表面微微透明為止。加入 A，蓋上鍋蓋轉大火。沸騰之後轉小火煮 10～12 分鐘，關火再燜 10 分鐘。

3　裝盤，依照喜好加上奶油、醬油、粗粒黑胡椒等。

＃奶油與醬油略加一些 ＃奶油與醬油 ＃一盤又一盤
＃剛出爐的是最奢侈的美味 ＃明天再來一道奶油湯吧 ＃奶油飯 ＃奶油抓飯

#蝦仁炊飯 #炊飯 #用鍋子煮飯 #蒸煮燉飯 #硬一點比較好吃

（第 7 集〈炒飯〉）

吸收了奶油、蝦仁、香菇精華的燉飯。

蝦仁炊飯

材料（容易做的份量）

白米…2 杯（340g）

蝦仁…180g

洋蔥…½ 顆

蘑菇…4 個

青豆…80g

白酒…¼ 杯

高湯（清雞湯）…2 杯

鹽…1 又 ⅓ 小匙

奶油…30g

做法

1　洋蔥切絲。蝦仁迅速洗過瀝乾。蘑菇切薄片。豌豆仁從豆莢剝出後，以鹽水燙過備用。

2　奶油熱鍋融化，炒洋蔥。炒軟之後加進蝦仁繼續炒，倒入白酒。轉大火將酒精蒸發，加入白米炒到油脂均勻，再加入高湯和鹽。

3　蓋上鍋蓋轉大火，沸騰之後轉小火煮 10 分鐘，關火加進青豆，燜 10 分鐘即完成。

重點是麵衣！兩層麵衣增加酥脆感，
值得熟記一輩子的食譜。

炸雞

#炸雞 #炸雞一族
#每週都想吃 #麵衣之神 #終於找到了
#理想的炸雞 #做成炸豬排丼或炸雞丼都好吃

剛炸好的雞塊
配啤酒最棒了啊！

也是。

（第 7 集〈炸物〉）

材料（2～3人份）

雞腿肉…1 片（250g）
雞胸肉…1 片（250g）
A ⎡ 蒜泥…½ 小瓣
  ⎢ 薑泥…½ 大塊
  ⎢ 醬油…1 大匙
  ⎢ 鹽…⅓ 小匙
  ⎢ 砂糖…½ 小匙
  ⎣ 酒…1 大匙
麵粉…1 ～ 2 大匙
太白粉…適量
麻油…½ 大匙
油炸用油…適量

做法

1　雞腿肉去皮，去掉筋和多餘的脂肪，切成適口的大小。

2　雞胸肉對半直切，再橫切成稍微大一點的大小，放進碗裡加入麻油拌勻。

3　把 A 倒入別的碗，均勻混合。加進步驟 1 和 2，用手揉均勻，放置至少 30 分鐘。

4　加入麵粉，攪拌至有黏性為止（如果不夠黏就繼續加麵粉）。

5　雞肉一塊塊滾上太白粉，拍掉多餘的粉。

6　油炸用油熱鍋到 160 ～ 170 度，以低溫慢慢炸步驟 5。表面稍微變硬並變色後，不斷翻炸，最後轉大火炸到變色酥脆。

Arrange

做好的隔天加入雞蛋，和黑七味粉也很搭。

炸雞親子丼

材料（1人份）

炸雞 2 ～ 3 塊　洋蔥 ¼ 顆　山芹菜 1 ～ 2 枝　蛋汁 2 顆雞蛋　高湯 ½ 杯　A（醬油 1 又 ½ 大匙　酒、味醂各 ½ 大匙　砂糖 ½ 大匙）　熱白飯 1 人份

做法

1　洋蔥直切細絲，山芹菜切成 2 公分長，炸雞如果很大塊就對半切。

2　用小平底鍋熱高湯，放入 A、洋蔥和炸雞。煮沸後加入一半份量的蛋汁，加蓋以小火加熱。蛋汁凝固後，倒進剩下的蛋汁，蓋上鍋蓋，半熟狀態就完成了。

3　盛好白飯，澆上步驟 2，放山芹菜即完成。

（第 15 集〈炸雞親子丼〉）

（第 11 集〈炸馬鈴薯〉）

馬鈴薯只要多一道步驟，
就會更甜、更好吃、更脆！

炸馬鈴薯

材料（容易做的份量）

馬鈴薯（May Queen
　品種）…4 ～ 5 個
沙拉油…適量
豬油…適量
鹽…適量

#炸馬鈴薯　#馬鈴薯
#炸薯條
#靜置後變化原來這麼大
#感動　#剛炸好的一口接一口
#蘸鹽派　#蘸番茄醬派

做法

1　馬鈴薯帶皮先煮熟（竹籤能夠刺
　　穿就是熟了），放到完全冷卻後
　　放進冰箱冷藏過夜（如果想當天
　　吃的話，至少要冷藏 10 分鐘）。

2　馬鈴薯直切成 6 ～ 8 等份，太長
　　的話就再對半切。

3　將 1/3 ～ 1/2 份量的豬油加進沙拉
　　油，加熱到 180 度炸步驟 2，反
　　覆翻炸至整體呈褐色，撒鹽即完
　　成。

料理的訣竅

馬鈴薯放著就好！
糖份增加會更好吃

煮熟之後放進冰箱（冷藏放
上三天沒問題，冷凍的話長
時間也 OK），澱粉質會讓
糖份增加，表面能炸得更酥
脆。

又甜又鹹，梅乾和辣韭的組合令人欲罷不能。

能將疲勞一掃而空的丼飯！

精力豬肉丼

材料（2人份）

薄切豬里肌肉片…300g

洋蔥…½ 顆

梅乾…1 個

辣韭…100g

A ┌ 酒、味醂…各 3 大匙
　├ 醬油…2 大匙
　└ 薑泥…1 大塊

沙拉油…2 大匙

麻油…少許

熱白飯…適量

做法

1　辣韭對半直切，洋蔥切成弓形。

2　豬肉、洋蔥和 A 混合，醃 20 分鐘。

3　熱油鍋，將步驟 2 瀝乾水分下鍋炒。略微變色後，加入梅乾和辣韭快炒，倒進步驟 2 的汁液以大火炒。辣韭的甜汁依個人喜好加入少量拌勻，最後淋上麻油翻炒。

4　盛飯，放上步驟 3 即完成。

#精力丼　#增強精力　#自製精力丼　#男人的料理　#明天也加油
#準備明天的精力　#充電料理　#男友的最愛

（第16集〈精力丼〉）

爽快地淋上大量醬汁吃吧。

Column 2

╲ 分享我家的深夜食堂！╱

拍攝美食照的技巧

用照片記錄最近做了哪些料理。
常在社群網站上分享的人歡迎參考，
不擅長拍照的人也能被按讚的拍照祕訣。

1 ╎ 拍攝的祕訣

 自然光 ＞ **閃光燈**

好看

拍攝料理的時候，不能使用閃光燈。盡量在有自然光的房間拍最好，傍晚光線暗的時候也能拍得比較亮。夜間只要照明得當，也不需要使用閃光燈。找到不會形成陰影的方向拍攝即可。

聚焦

把焦點對準料理中央。用智慧型手機拍攝時，以手指觸碰畫面中央就能自動對焦。模糊的畫面是不行的。

裝盤的方式、餐具跟周遭背景也要注意

既然做了好菜，周圍髒亂的話就白費功夫了。碗盤的邊緣有沒有沾上菜渣？有沒有拍到多餘的東西？裝盤的方式也要比平常多費心一些。

深色的桌子或桌布讓深夜食堂感 UP

桌子跟桌布選擇深色的，加強深夜食堂的氣氛，跟料理的風格更搭。

2∫ 享受加工的樂趣

深夜食堂的風格
對比要稍微強烈一些

調整畫質的時候，加強「對比」跟「彩度」就能更有深夜食堂的感覺。亮度也可以依照個人喜好調整。

適當地裁剪調整

照片的尺寸和容器的呈現方式都可以再修正。容器的呈現方式可以參考本書照片。

自己覺得「讚！」
才是屬於自己的風格

並不是加工過的照片才是好照片。加工也要有自己的風格。自己看來最好的照片才最有個性，是自己的作品。請自由地享受拍照的樂趣吧。

真不錯。

也可以使用喜歡的 APP

用手機的相機加工功能當然可以，也能使用 APP。最近有很多美食專用的 APP，不妨找找看有沒有喜歡好用的。

━━ 第三章 ━━

\ 讓身心都溫暖起來。/

疲倦時刻的
療癒系料理

小感冒、食欲不佳、腸胃不適、
疲勞沒精神、想要暖和身體……
生活中難免會有身心失調的日子。
「好想早點回家休息，吃點什麼」
這一章介紹能夠撫慰人心的菜。

第三章的老闆是⋯

小堀紀代美 小姐

Profile

在東京富之谷咖啡店「LIKE LIKE KITCHEN」擔任店長兼廚師至2012年，現在以料理家之姿活躍於雜誌上。擅長以香料與香草入菜。在家中開設料理教室，一位難求，深受歡迎。著有《水果沙拉與甜點：更美味的搭配》（NHK出版）、《一位難求的料理教室：LIKE LIKE KITCHEN美味的祕訣》（主婦之友社出版）。

麻油的濃香與小黃瓜的清脆能提高炎炎夏日的食欲。

夏天的豬肉味噌湯

材料（容易做的份量）

薄切五花肉片…150g

小黃瓜…1 條

牛蒡…½ 根

紅蘿蔔…⅓ 根

舞菇…1 包

鹽、黑胡椒…各少許

高湯（昆布或柴魚為佳）…4 杯

調和味噌…1 大匙

八丁味噌、麻油…各 1 又 ½ 大匙

A ┌ 薑泥…2 塊
　├ 蘘荷末…2 顆
　└ 麻油…少許

做法

1　小黃瓜切薄片，牛蒡切斜薄片，紅蘿蔔削皮後切成半月型。舞菇剝散。

2　鍋裡放入麻油與肉片，將肉片撥散，均勻蘸上麻油。開火拌炒，肉片變色後撒鹽、黑胡椒，加入小黃瓜以外的蔬菜繼續炒。倒入高湯，煮沸後撈除浮渣，蔬菜煮至軟爛。

3　關火，將味噌溶進湯裡，試味道，不夠再加額外的味噌。加入小黃瓜，煮至小黃瓜顏色通透後加入 A 即完成。

濃郁芝麻醬搭配甘甜高麗菜的美味豬肉味噌湯。

冬天的豬肉味噌湯

材料（容易做的份量）

薄切五花肉片…150g

高麗菜…150g

牛蒡…½ 根

紅蘿蔔…⅓ 根

舞菇…1 包

鹽、黑胡椒…各少許

高湯（昆布或柴魚為佳）…4 杯

調和味噌…1 大匙

八丁味噌…1 又 ½ 大匙

芝麻醬…1 大匙

麻油…1 又 ½ 大匙

做法

1　高麗菜切絲，牛蒡切斜薄片，紅蘿蔔削皮後切成半月型。舞菇剝散。

2　鍋裡放入麻油與肉片，將肉片撥散，均勻蘸上麻油。開火拌炒，肉片變色後撒鹽、黑胡椒，加入所有蔬菜繼續炒。倒入高湯，煮沸後撈除浮渣，蔬菜煮至軟爛。

3　關火，將味噌和芝麻醬溶進湯裡，試味道，不夠再加額外的味噌。依照個人口味撒七味粉。

（第2集〈雞蛋三明治〉）

料理的訣竅

能品嚐到當季蔬菜
美味的一道菜

夏天吃得到小黃瓜的清脆、
蔬菜的鮮香與麻油的濃香的
豬肉味噌湯。冬天則是加入
滿滿高麗菜與芝麻醬的濃稠
風味。

夏天的
豬肉味噌湯

冬天的
豬肉味噌湯

豬肉味噌湯 # 暖呼呼料理 # 是湯也是配菜 # 當季豬肉味噌湯 # 療癒系菜色

#餛飩 #唏哩呼嚕 #想撒很多香菜 #乾拌餛飩 #多包的可以冷凍起來

滑溜順口讓人一口接一口，當宵夜吃也好消化。

乾拌餛飩

材料（3～4人份）

餛飩皮…30 片

A ┌ 雞絞肉…100g
  │ 蝦丁（剁粗一點）…100g
  └ 西洋芹末…100g

B ┌ 太白粉…1 小匙
  │ 薑泥…1 小匙
  └ 鹽…½ 小匙

〈拌醬〉
┌ 蔥花…15 公分蔥段切細
│ 砂糖、醋…各 2 小匙
│ 鹽…½ 小匙
│ 白芝麻…1 大匙
└ 辣油…適量
香菜…適量

做法

1　碗內先將 A 均勻攪拌後，再加入 B 拌勻。

2　取 1 片餛飩皮將 1 小匙步驟 *1* 放在正中央，皮邊緣抹水，對折包成三角形。

3　湯鍋煮水，水滾後放入餛飩煮約 2 分鐘，起鍋瀝去水分。裝碗時淋拌醬，撒上適量的香菜末即完成。

料理的訣竅

對折即可成型，輕鬆簡單的點心

包餛飩肯定比水餃或燒賣簡單。晚回家時即使累了，也能快速煮好上桌享用。

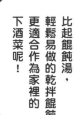

比起餛飩湯，輕鬆易做的乾拌餛飩更適合作為家裡的下酒菜呢！

（第 10 集〈餛飩〉）

宿醉與內臟疲勞時必喝的蜆湯,

拿手菜再添一味。

蜆湯
～異國風味～

（第 13 集〈蜆湯〉）

材料（2人份）

蜆（已吐沙）…250g

A ┌ 蔥花…5 公分蔥段切細
　├ 薑末…1 塊
　├ 香菜末…1 ～ 2 株切碎
　└ 蝦米碎末…1 小匙

酒…½ 大匙

魚露…½ 小匙

鹽…1 撮

麻油…½ 大匙

做法

1 鍋裡加入麻油與 A,以小火炒香後加入蜆拌炒。

2 先倒酒,再下 2 杯水,稍微煮滾後撈除浮渣。最後加入魚露、鹽調味。

#蜆湯 #蜆之精華 #宿醉
#恢復元氣！ #喝膩味噌湯就改喝這個

最厲害的自製沾醬，

美味的關鍵是辛香料的香氣。

芝麻醬涼麵

（第 18 集〈芝麻醬涼麵〉）

材料（2人份）

冷凍烏龍麵…2 份

A
┌ 芝麻醬…3 大匙
│ 醋、味噌、麻油、白芝麻…各 1 大匙
│ 花椒粉…1 又 ½ 小匙
│ 肉桂粉（沒有也可以）…1 撮
│ 醬油…1 小匙
│ 砂糖…½ 大匙
│ 蒜泥、薑泥…各少許
└ 水…¼ 杯

薑泥、炒過的白芝麻…各少許

做法

烏龍麵依照包裝上的指示煮好後
泡冰水，放在篩子上瀝乾水分。
麵上撒薑、炒過的白芝麻，將 A
調勻蘸著吃。

料理的訣竅

花椒與肉桂
提升香氣的層次

花椒香氣十足是中式料理最
常應用的香料，與肉桂一
樣，都能在超市買到，可以
表現出市售芝麻沾醬所沒有
的自家製風味。

#芝麻醬涼麵 #冷凍烏龍麵
#自家製芝麻醬 #拌一拌就好

#風味小炒 #沖繩風 #油豆腐 #健康美味 #使用半熟蛋

油豆腐入菜，滋味與眾不同的沖繩風味小炒。

苦瓜炒蛋

材料（2人份）

綠苦瓜…½ 條

豬肩胛肉片（梅花肉）
　…120g

油豆腐…180g

A ┌ 蛋…2 顆
　│ 紅糖…⅓ 小匙
　└ 鹽…1 撮

B ┌ 醬油、蠔油
　│ 　…各 ½ 小匙
　│ 酒…2 小匙
　│ 鹽…1 撮
　└ 粗粒黑胡椒…少許

麻油…1 又 ½ 大匙

做法

1　苦瓜縱向對切，取出種子與瓜瓤，切成 7 ～ 8 公釐厚的薄片，抹額外的少許鹽，輕輕搓揉，再洗掉鹽分。油豆腐、豬肉都切成適口的大小。A 的蛋液打勻，混合調味料。

2　鍋子以大火熱 1 大匙麻油，倒入 A，炒熟後取出。

3　鍋裡加熱剩下的麻油，煎油豆腐與肉片，變色後加入苦瓜以大火翻炒，再放入 B 與步驟 2 拌炒即完成。

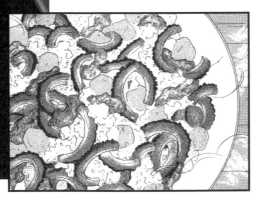

（第 8 集〈苦瓜〉）

料理的訣竅

使用味道比豆腐更濃郁的油豆腐

加入油豆腐的苦瓜炒蛋，滋味更香濃，嚼勁升級。與麻油很合拍。

（第 5 集〈奶油燉菜〉）

今天要吃白飯？還是麵包？

#燉菜 #熱呼呼 #暖心暖胃 #奶油燉菜
#今天用豬肉 #下次用雞肉 #燉菜就是要配飯
#奶油白醬 #白醬塊很方便 #無添加物

只要有奶油跟麵粉，就能輕鬆自製白醬塊！

讓人想快點回家大快朵頤的好味道。

奶油燉菜

材料（容易做的份量）

胛心肉（或炸豬排用的肉也可
　以）⋯600g
馬鈴薯⋯2 顆
洋蔥⋯2 顆
紅蘿蔔⋯1 根
鹽⋯1 小匙
牛奶⋯3 杯
丁香（沒有也可以）⋯2 根
月桂葉⋯2 片
白醬（自製速成塊）
　⋯20 ～ 30g
熱白飯⋯適量

做法

1　豬肉切成稍大的一口大小，抹鹽靜置約 15 分鐘。馬
　　鈴薯削皮切成 3 ～ 4 塊。洋蔥縱向剖半，插上丁香。
　　紅蘿蔔削皮切成 1 公分厚的片。

2　鍋裡放 3 杯水，加入豬肉、洋蔥、紅蘿蔔、月桂葉，
　　先以大火煮開，撈除浮渣後轉稍弱的中火燉約 40 ～
　　50 分鐘。中途煮至 30 分鐘左右時放入馬鈴薯。

3　肉變軟後，加入牛奶與白醬燉煮至濃稠，視情況撒上
　　額外的鹽與黑胡椒調味。

4　盛飯，淋上步驟 3。依照個人口味撒巴西里末，磨粗
　　粒黑胡椒。

奶油與麵粉以 1：1 的比例製作速成白醬塊，方便保存。

白醬

材料（容易做的份量）與做法

小湯鍋或平底鍋以小火將 50g 麵粉
炒至變色（但不焦）後，加入 50g
奶油均勻拌炒，注意不要結塊。放涼
後即凝固，可冷凍保存約一個月。

海苔與山葵是最簡樸的大人的味道。

海苔山葵茶泡飯

材料（2人份）

山葵泥…適量

燒海苔…適量

A ┌ 高湯（昆布或柴魚為
　　　佳）…2 杯
　├ 薄口醬油…½ 大匙
　└ 鹽…¼ 小匙

熱白飯…2 碗

做法

將 A 煮滾後，注入盛好飯的碗中，鋪上山葵與海苔即完成。

（第 2 集〈茶泡飯〉）

#大人限定 #茶泡飯 #海苔山葵 #梅子也不錯 #茶泡飯風潮

精髓在於不用美奶滋！讓筷子停不下來的王牌配菜。

終極版馬鈴薯沙拉

（第 1 集〈馬鈴薯沙拉〉）

材料（容易做的份量）

馬鈴薯…350g（淨重）
火腿…30g
蛋…2 顆
小黃瓜…1 條
A ［ 蘋果醋（米醋也可以）、
　　橄欖油…各 1 大匙
　　第戎芥末醬
　　　（dijon mustard）
　　　…2 大匙
　　紫洋蔥末…1 大匙 ］
鹽…½ 小匙
粗粒黑胡椒…少許
橄欖油…少許

馬鈴薯沙拉 # 一吃就上癮
potato_salad
馬鈴薯專家 # 水煮蛋
美味煮法有祕訣

做法

1　湯鍋煮水，水滾後轉小火，輕輕放入蛋，煮約 7 ～ 8 分鐘後撈起，浸冷水剝去蛋殼後切成 4 等份。火腿切成一口的大小。小黃瓜以削皮刀削成白綠相間的花樣，切成 7 ～ 8 公釐厚的薄片，撒上額外的鹽搓揉，靜置約 10 分鐘後除去水分。

2　馬鈴薯削皮切成一口的大小，放入湯鍋從冷水煮起，沸騰後轉小火，煮約 12 ～ 13 分鐘至筷子可以穿透。倒掉熱水，轉大火，左右晃動搭配高溫將水分蒸散，待至表面呈粉狀。

3　馬鈴薯以木杵（或擀麵棍）搗碎，拌入鹽調味。加入蛋，輕輕搗散攪拌。加入 A 均勻攪拌，火腿與小黃瓜最後拌入。

4　盛盤，淋橄欖油，撒黑胡椒。也可依照個人口味撒粗鹽。

腸胃不適時就想吃，
高湯風味的好滋味。

茶碗蒸

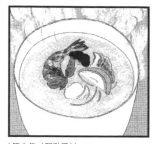

（第 2 集〈開動了〉）

材料（容易做的份量・4人份）

蛋…3 顆
香菇…1 朵
雞胸肉…1 片
山芹菜…適量
A ┌ 高湯…2 又 ¼ 杯
　├ 薄口醬油…1 大匙
　└ 鹽…⅓ 小匙

做法

1 在碗裡打蛋，加入 A 拌勻。香菇去蒂頭切薄片，雞肉切成一口的大小，山芹菜稍微切一下。

2 容器裡均等地放入香菇、雞肉、山芹菜後，倒入蛋液。放入蒸鍋，以大火蒸 2 分鐘至表面出現薄膜（凝固），鍋蓋斜放留一點空隙，以小火蒸 25 分鐘即完成。

石蓴菜燴自製蛋豆腐

（第 14 集〈蛋豆腐〉）

材料（15×15公分的塊狀）

蛋…6 顆
高湯…360c.c.
A ┌ 高湯…1 杯
　├ 薄口醬油…2 小匙
　└ 石蓴菜…2 大匙
太白粉、水…各 1 又 ½ 小匙

做法

1 在碗裡打蛋，加入高湯攪拌均勻，倒入豆腐模型。放入蒸鍋，以大火蒸 2 分鐘至表面出現薄膜（凝固），鍋蓋斜放留一點空隙，以小火蒸 15 ～ 18 分鐘。放涼後將蛋豆腐脫模在盤子上，放入冰箱冷藏。

2 小鍋裡加入 A 煮滾，將調和了水的太白粉拌入，以大火煮約 1 ～ 2 分鐘至濃稠。放涼後，淋在盛盤的蛋豆腐上即完成。

料理的訣竅

用石蓴菜
製作勾芡燴醬

在高湯風味的醬汁上加點功夫，只要加石蓴菜就有豐富變化。無論是冷著吃，或是剛做好就吃，都很美味。

茶碗蒸和蛋豆腐，今天要吃哪一道？

#茶碗蒸 #蛋豆腐 #軟嫩Q彈 #入口即化 #果然要用高湯

豆腐鍋 # 韓國料理 # 正統的味道 # 充滿元氣 # 最愛吃辣 # 嗜辣一族 # 飆汗料理

沒什麼食欲，打不起精神嗎？

滿滿是料的香辣健康湯品，讓你元氣滿滿。

泡菜豆腐鍋

材料（2人份）

豆腐…1 塊（300g）
白菜泡菜…150g
海瓜子…10 顆
薄切五花肉片…150g
蔥…½ 根
洋蔥…¼ 顆
香菇…1 朵
韭菜…3 ～ 4 根
A ┌ 苦椒醬…1 大匙
　├ 薑泥…1 塊
　├ 蒜泥…少許
　└ 麻油…2 大匙
鹽…¼ 小匙
醬油…1 又 ½ 小匙
酒…1 大匙
蛋…2 顆

做法

1　豆腐切成 6 等份，豬肉切成 5 公分寬，泡菜切成一口的大小。蔥切斜段，洋蔥直切成絲，香菇去蒂頭切成 1 公分厚，韭菜切成 3 ～ 4 公分長。

2　鍋裡放入豬肉與泡菜，倒入 A 後混勻，靜置 10 ～ 15 分鐘。開小火，炒至豬肉變色。

3　放入蔥、洋蔥、香菇快速翻炒，加入鹽、醬油、酒、海瓜子繼續炒。倒人 2 杯水轉大火，煮滾後放入豆腐以中火煮約 3 分鐘。

4　盛盤，撒下韭菜，每碗各打一顆蛋。也可以撒粗粒辣椒粉。

料理的訣竅

開火前
先稍微醃漬入味

炒豬肉與泡菜之前，可以先拌勻讓肉入味。泡菜使用陳年的更好吃。

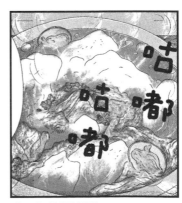

（第 11 集〈泡菜豆腐鍋〉）

使用大量的薑，營養滿分，
感覺快要感冒時喝正好。

雞肉丸麵線

材料（2～3人份）

麵線…3 束
白髮蔥絲…蔥白切成 10 公分長絲
襄荷（切薄片）…1 顆
A ┌ 雞絞肉…200g
│ 薑（切成 5 公釐見方）…15g
│ 洋蔥（切粗末）…⅓ 顆
│ 蛋液…½ 顆
│ 太白粉…1 大匙
│ 酒、醬油、砂糖…各 ½ 大匙
│ 鹽…½ 小匙
│ 粗粒黑胡椒…少許
└ 麻油…1 小匙
B ┌ 高湯（昆布或柴魚為佳）…3 杯
│ 味醂、醬油…各 1 大匙
└ 鹽…¼ 小匙

做法

1　碗裡倒入 A，邊攪拌邊揉。

2　湯鍋裡將 B 煮滾，邊煮邊用湯匙挖取剛混勻
的步驟 1 塑型成肉丸子，放入湯鍋煮開，撈
除浮渣。

3　另起一湯鍋煮麵線，瀝乾盛入碗裡。倒入步
驟 2 的肉丸子湯，鋪上泡冷水的蔥絲與襄荷。
依照個人口味撒粗粒黑胡椒、山椒粉。

＃湯麵 ＃麵線 ＃小感冒
＃吃完好像會退燒 ＃滿滿的薑
＃滿滿的料 ＃暖心暖胃

料理的訣竅

薑要切得特別大

薑切成比肉丸子用的薑末還
大塊的丁，口感十足，餘香
誘人。

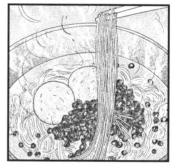

（第 12 集〈雞肉丸麵線〉）

食欲不佳時
也能吃這道菜，
吃完身體整個
暖和起來了。

勾芡湯汁薑味十足！

作為下酒菜或是正餐的配菜都合適。

韭菜滑蛋

#韭菜滑蛋 #最愛勾芡 #滿滿的薑 #補充元氣

（第 14 集〈韭菜滑蛋定食〉）

材料（2人份）

韭菜…1 把（100g）

醬油…½ 小匙

粗粒黑胡椒…少許

A ┌ 蛋…3 顆

　├ 鹽…少許

　└ 砂糖…1 撮

B ┌ 醬油…1 小匙

　├ 鹽…¼ 小匙

　├ 雞高湯粉…½ 小匙

　├ 砂糖…1 撮

　├ 熱水…1 杯

　└ 薑泥…1 大匙

太白粉、水…各 1 小匙

麻油…2 大匙

做法

1 均勻混合 A 的蛋液與調味料。韭菜切掉根部，堅硬處切成 1 公分長，柔軟處切成 3 公分長。

2 小湯鍋加入 B，煮滾後倒入太白粉水勾芡。

3 鍋裡倒入麻油熱鍋，快速炒韭菜，加入醬油、黑胡椒拌炒，再加入 A 大力拌炒。半熟後翻面煎約 15 秒盛盤，淋上步驟 *2* 即完成。

蛤蜊加上香草與檸檬奶油的酸香鮮甜，

讓人連鍋底的湯汁都不放過。

檸檬奶油香料
酒蒸蛤蜊

（第3集〈酒蒸蛤蜊〉）

材料（2人份）

蛤蜊…30 顆

A ┌ 紅蔥末（或是紫洋蔥）…1 大匙
　├ 薄蒜片…3 ～ 4 片
　├ 百里香…2 ～ 3 根
　└ 白酒、水…各 ¼ 杯

蒔蘿末…2 株

鮮奶油…1 大匙

檸檬汁…1 小匙

卡宴辣椒粉、粗粒黑胡椒…各少許

做法

1　蛤蜊抹額外的鹽，外殼搓洗一番。

2　鍋裡放入蛤蜊，倒入 A，蓋上鍋蓋以中火烹煮。煮滾後轉小火，蛤蜊打開後倒入鮮奶油、檸檬汁、卡宴辣椒粉、黑胡椒與蒔蘿即完成。

料理的訣竅

最後加入奶油與檸檬汁的步驟很重要

以白酒蒸煮過的澄澈湯汁，加入鮮奶油與檸檬汁後，升級成濃稠酸香的湯汁。

#蛤蜊 #酒蒸
#白酒蒸煮 #香草
#鮮美湯汁堪稱一絕
#用麵包吸飽湯汁吃

— Column 3 —

╲ 分享我家的深夜食堂！╱

上相的 餐具挑選技巧

為了將料理拍得更有質感，搭配的餐具也是一門學問。
家裡塵封櫥櫃的鍋碗瓢盆可能有敗部復活的機會？

(1)

善用和風餐具

善用陶藝品與漆器等和風餐具，成功營
造深夜食堂風格。陶器厚實大方，只要
置入一件，就足以改變構圖的調性。裝
盛中式或西式料理看起來都很時尚。

(2)

穿插使用古董餐具

西洋風格的餐具選復古款就對了。中式
或日式的古董餐具則有份量感。看到不
錯的古董餐具一定要入手啊！

（3）

混搭亞洲異國風

裝盛中式料理時，可以摻雜使用中式、
韓式、泰式、新加坡等亞洲地區的小物。
搭配和風餐具也好看，可愛又時尚。

（4）

擺放玻璃杯、刀叉匙筷、
餐盤，讓畫面更有質感

使用刀叉匙筷、餐盤、玻璃杯妝點，增
添活潑的氣氛與生活感。這類型的配件
很常見，看到中意的不妨收集起來吧！

不錯喔！

第四章

＼今晚喝點酒！／
想喝一杯，
搭配簡單的下酒菜

第四章的老闆是⋯
徒然花子 小姐

Profile
喜歡美食、美酒與旅行的編輯。在 IG
（@turehana1）與推特上的美食發文人氣很高，粉
絲眾多。著有《1菜+1酒=姐的居家小酒館》（繁中
版由常常生活文創出版）、《徒然花子香辣下酒菜
手帖》、《徒然花子的炸物天堂》（以上PHP研究
社出版）、《歡迎來到徒然花子的家庭派對！》、
《徒然花子帶便當》（以上小學館出版）、《徒然
花子的愛吃鬼食堂》（河出書房新社出版）。

深夜食堂有許多很下酒的料理，
這一章將介紹幾道下酒菜，
做起來輕鬆簡單根本就是「小菜一碟」！
善用青菜與肉類的美味，
好酒一杯接一杯，停不下來。

辣味奶油玉米

鱈魚子奶油乳
酪馬鈴薯

鮪魚檸檬
洋蔥絲

山椒風味
洋蔥圈

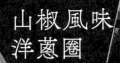

簡單！玉米與奶油的香甜，
再加點辣就是可口的下酒菜。

（第 11 集〈奶油玉米〉）

辣味奶油玉米

材料（2人份）

玉米粒罐頭…1 罐（200g）
蒜末…½ 瓣
奶油…10g
鹽…少許
辣椒粉、乳酪粉、巴西里末…各適量

做法

1 鍋裡放入奶油，融化後下蒜末爆
香，加入去掉汁液的玉米粒翻
炒。

2 撒鹽後盛盤，撒上辣椒粉、乳酪
粉、巴西里末。

宛如鬆軟的鱈魚子馬鈴薯沙拉，
夠味又下酒。

（第 10 集〈奶油馬鈴薯〉）

鱈魚子奶油乳酪馬鈴薯

材料（2人份）

馬鈴薯…2 顆
鱈魚子…1 條
奶油乳酪…20g
青紫蘇葉切絲…2 片
橄欖油…1 大匙

做法

1 馬鈴薯帶皮蒸至竹籤可以輕易穿透（或是
表面拍水，以保鮮膜包好，放入微波爐以
600 瓦加熱 7～8 分鐘）。

2 馬鈴薯趁熱對半切裝盤，淋橄欖油，放上
鱈魚子、奶油乳酪、紫蘇葉。

比一般的洋蔥絲沙拉再多點風味！

拌入鮪魚就是配酒的小菜。

鮪魚檸檬洋蔥絲

（第 9 集〈洋蔥絲〉）

材料（2人份）

洋蔥…1 顆
鮪魚罐頭…70g
檸檬汁…1 顆
醬油、橄欖油…各 1 大匙
燒海苔…少許

做法

1　洋蔥刨或切成細絲，浸泡冷水約 10 分鐘。

2　擠掉洋蔥的水分後放入碗裡，加入去了油的鮪魚罐頭、檸檬汁、醬油、橄欖油攪拌，海苔撕碎撒在上頭即完成。

酥脆的祕訣在麵衣，

加入氣泡水讓口感輕盈。

山椒風味洋蔥圈

（第 2 集〈洋蔥圈〉）

材料（2人份）

洋蔥…1 顆
麵粉…100g
氣泡水…¼ 杯
油炸用油、鹽、山椒
　粉…各適量

做法

1　洋蔥切成 1 公分寬的洋蔥圈，剝散。碗中倒入麵粉、氣泡水，拌成麵衣。

2　鍋裡倒入約 2 公分高的油，加熱至 180 度（中溫），洋蔥裹上麵衣入鍋。炸至麵衣固定成型，再炸約 1 分鐘起鍋，撒上鹽與山椒粉。

料理的訣竅

以氣泡水製作酥脆麵衣

油炸時酥脆的祕訣是使用加入氣泡水的麵衣。輕盈爽脆，放一陣子仍好吃不油膩。

容易上癮的炒蛋，
再學一種做法。
配口袋餅或法國麵包吃。

土耳其風
炒蛋

吻仔魚加上蔥就是和風小菜，
與燒酒和清酒最對味。

吻仔魚
蔥香玉子燒

以蠔油滷製，
入味的滷蛋。

蠔油滷蛋

吻仔魚蔥香玉子燒

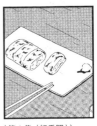

材料（2人份）

蛋⋯2 顆
吻仔魚⋯3 大匙
蔥花⋯4 根
A ┌ 味醂、水⋯各 1 大匙
　└ 鹽⋯1 撮
沙拉油⋯1 大匙

做法

1　在碗裡打蛋，加入 A、吻仔魚、蔥花均勻混合。

2　熱油鍋，倒入蛋液。一邊以爐火加熱，一邊以矽膠鍋鏟將蛋折疊，推到鍋的另一邊壓出形狀即完成。

（第 1 集〈紅香腸〉）

土耳其風炒蛋

材料（2人份）

蛋⋯2 顆
洋蔥丁⋯⅛ 顆
青椒⋯1 顆
番茄⋯½ 顆
孜然粉⋯½ 小匙
鹽、一味辣椒粉⋯各 1 撮
橄欖油⋯½ 大匙
口袋餅⋯適量

做法

（第 2 集〈酥脆培根〉）

1　蛋打入碗裡，加進鹽和孜然粉。青椒、番茄切成 1 公分見方。

2　19 公分寬的平底鍋熱橄欖油，放入洋蔥拌炒至透明。加入青椒、番茄拌炒，炒至番茄軟化後，倒入蛋液。

3　以矽膠鍋鏟輕輕混合蛋液，半熟即關火，撒一味辣椒粉。可以夾在口袋餅裡吃。

蠔油滷蛋

材料（容易做的份量）

蛋⋯6 顆
〈滷汁〉
┌ 酒（紹興酒為佳）
│　⋯3 大匙
│ 醬油、蠔油
│　⋯各 2 大匙
│ 砂糖⋯1 大匙
└ 八角⋯2 個

做法

1　鍋裡熱水煮滾後，從冰箱拿出雞蛋立刻放入，煮約 8 分鐘後取出沖冷水，放涼即可剝殼。

（第 12 集
〈叉燒、筍乾、滷蛋〉）

2　滷汁調料入鍋，煮滾後關火，放涼。

3　水煮蛋和滷汁放入保鮮袋，浸泡 3 小時以上。過程中不定時將滷蛋上下翻動。吃時對半切，依照個人口味裝飾香菜盛盤。

#上相的小菜 #搭配白酒 #派對料理 #炒菠菜

炒波菜也能是搭配葡萄酒的小菜。

炒菠菜拌
優格醬

哈哈，
真懷念。

（第13集〈炒菠菜〉）

材料（2人份）

菠菜…1 把
原味優格…500g
蒜泥…½ 瓣
鹽…⅓ 小匙
橄欖油…2 大匙
蘇打餅乾…適量

做法

1　將優格倒入裝好濾紙的咖啡濾杯，靜置 3 小時至一個晚上濾去水分（也可以使用 200g 希臘優格不用濾）。

2　菠菜以鹽水燙過，過篩並擠掉水分，切成 1 公分長。鍋裡熱橄欖油 1 大匙，炒菠菜。

3　碗中倒入步驟 1，拌入菠菜、蒜泥、鹽。裝盤，中心挖一個洞，倒入橄欖油。吃時當成抹醬，抹在蘇打餅乾上食用。

調味醬搭配美奶滋令人無法抵擋，

還能吃到滿滿的蔬菜，可以填飽肚子的小菜。

肉片燒

（第 16 集〈肉片燒〉）

材料（2～3 人份）

蛋…2 顆
薄切五花肉片…2 片
豌豆芽…½ 包
綠豆芽…½ 包
鹽、黑胡椒…各少許
沙拉油…1 又 ½ 大匙
好味燒調味醬、美奶滋、
　青海苔粉…各適量

做法

1　肉片切成 1 公分寬。豌豆芽對
　　半切。蛋打入碗裡。

2　鍋裡熱 1 大匙油炒肉片，變色後加入豌豆芽、綠豆芽、鹽、
　　黑胡椒，炒熟先盛起來備用。

3　鍋子以廚房紙巾擦淨，加入剩下的 ½ 大匙油，開火熱油後
　　倒入蛋液攤平，中間放上炒好的肉片和蔬菜，蛋皮包起來
　　即可盛盤，最後擠上好味燒調味醬、美奶滋，撒青海苔
　　粉。

#肉片燒 #大阪美食 #美奶滋與調味醬的危險誘惑 #滿滿的青菜 #一道菜就能吃飽

花枝蘆筍
柚子胡椒奶油燒

酪梨炸章魚
～海苔風味～

炸章魚佐酪梨是必點的下酒菜。

炸過的酪梨入口即化，跟章魚很合拍。

酪梨炸章魚
～海苔風味～

材料（2人份）

水煮章魚…150g

酪梨…1 顆

A ┌ 酒、醬油
  │　　…各 1 大匙
  └ 薑泥…½ 塊

鹽…少許

太白粉、油炸用油、青海苔
粉、檸檬角…各適量

做法

1　章魚切大塊。碗裡調勻 A，放入
　　章魚醃漬約 5 分鐘。酪梨切成一
　　口的大小。

2　章魚擦乾水分，與酪梨都裹上太
　　白粉。

3　鍋裡倒入約 2 公分高的油，加熱
　　至 180 度（中溫）後，放入步
　　驟 2 油炸。變色後起鍋，油瀝掉
　　後盛盤，撒青海苔粉。酪梨上撒
　　鹽，旁邊擺檸檬角。

（第 16 集〈炸章魚〉）

（第 6 集〈炸花枝腳〉）

柚子胡椒與奶油交織出摩登和風小菜，

與任何酒都很搭。

花枝蘆筍
柚子胡椒奶油燒

材料（2人份）

花枝（身體）…2 條

綠蘆筍…4 根

奶油…10g

醬油…½ 大匙

柚子胡椒…½ 小匙

橄欖油…½ 大匙

做法

1　花枝切成 1 公分寬的花枝圈。蘆筍削
　　掉根部的皮，切成 1 公分厚的斜段。

2　鍋裡熱橄欖油，蘆筍下鍋炒約 1 分鐘
　　後，放入花枝炒 2 分鐘。加進奶油、
　　醬油與柚子胡椒拌炒即完成。

（第 17 集〈俾斯麥風〉）

荷包蛋要半熟！拌著美味的濃稠蛋汁，

一口接一口的宵夜時間。

俾斯麥風
培根馬鈴薯

材料（2～3人份）

蛋…1 顆

馬鈴薯…2 顆

培根…3 片

糯米椒…3 根

洋蔥末…⅛ 顆

蒜末…1 瓣

鹽、黑胡椒…各少許

橄欖油…2 大匙

#荷包蛋　#非半熟不可
#什麼都能俾斯麥風

做法

1　馬鈴薯削皮後切丁浸冷水，放入耐熱器皿，包上保鮮膜，以微波爐加熱約 4 分鐘。培根、糯米椒切成 1 公分見方。

2　鍋裡熱 1 大匙橄欖油，放入蒜末爆香，蒜香出來後放入培根、洋蔥拌炒。洋蔥炒至透明軟化後，放入馬鈴薯、糯米椒繼續炒。起鍋前撒鹽、黑胡椒調味後盛盤。

3　鍋子以廚房紙巾拭淨，熱 1 大匙橄欖油，打入蛋，煎至蛋黃半熟即起鍋，鋪在步驟 2 上。

「大蔥豬排」變成「番茄＆香菜豬排」，

吸飽異國風醬汁的麵衣好爽口。

香菜豬排

材料（2人份）

豬里肌肉排（炸豬排用）⋯1 片

鹽、黑胡椒⋯各少許

麵粉、蛋汁、麵包粉、油炸用油⋯各適量

〈番茄香菜醬〉

　番茄（切成 1 公分見方）⋯½ 顆

　香菜末（切粗一點）⋯1 株

　檸檬汁⋯¼ 顆

　醬油、魚露⋯各 ½ 大匙

#大口吃卻很清爽　#想吃肉時的好選擇
#我愛香菜　#大蔥也不錯

（第 21 集〈大蔥豬排〉）

做法

1　取一個碗，將番茄香菜醬的材料拌勻。

2　豬肉以菜刀切斷筋，整片用刀背輕敲。撒鹽和黑胡椒，依麵粉、蛋液、麵包粉的順序裹上麵衣。

3　鍋裡倒入 3 公分高的油，加熱至 180 度（中溫）後放入豬排，炸 2 分鐘後翻面再炸 3 分鐘，起鍋瀝油後盛盤，淋上步驟 1 即完成。

蔥味噌讓滋味樸實的雞胸肉口感升級。

蔥味噌乳酪
炸雞柳

（第 17 集〈乳酪炸雞排〉）

材料（2 人份）

雞里肌肉…4 條
蔥…2 根
乳酪片…2 片
味噌…2 小匙
麵粉、蛋汁、麵包粉、
　油炸用油…各適量

做法

1　雞里肌肉切除筋，對半切開塗上
　　味噌。乳酪片對半切，蔥切成 8
　　公分的段放在雞肉上捲起來。依
　　麵粉、蛋汁、麵包粉的順序蘸上
　　麵衣。

2　鍋裡倒入 2 公分高的油，加熱至
　　180 度（中溫）後放入步驟 1，
　　炸 2 分鐘後翻面再炸約 1 ～ 2
　　分鐘，起鍋瀝油後盛盤。如果有
　　生菜也可以加上。

＃乳酪炸雞柳　＃炸物
＃蔥味噌乳酪

記得啤酒
只限三杯
喔！

讓人想要大口咬的多汁帶骨雞腿。

濃郁的蜂蜜芥末風味，令人大滿足的一道菜。

烤香草
帶骨雞腿

（第 11 集〈烤雞腿與雞翅球〉）

材料（2人份）

帶骨雞腿…2 支

鹽…1 小匙

黑胡椒…少許

〈香草烤粉〉

[麵包粉…4 大匙

蒜末…1 瓣

乳酪粉、巴西里末、橄欖油

…各 1 大匙]

蜂蜜、芥末籽醬…各 2 小匙

沙拉油…1 大匙

做法

1　雞腿骨肉間隨意劃刀，比較容易烤熟。擦乾水分，抹鹽與黑胡椒。香草烤粉的材料放入小碗均勻攪拌。蜂蜜與芥末籽醬拌勻。烤箱預熱 200 度。

2　熱油鍋，雞皮朝下煎，蓋上鍋蓋以小火煎約 15 分鐘。

3　取出雞腿，雞皮抹上蜂蜜芥末醬、香草烤粉，以烤箱烤約 15 分鐘即完成。

#帶骨雞腿 #大口咬 #烤箱料理
#送進烤箱就完成

#厚切 #大口吃 #火腿排 #蘋果醬汁

厚切火腿吃起來很爽快，能作為主菜的一道料理。

酸甜醬汁跟火腿的鹹香很對味。

厚切火腿排
～蘋果粒醬汁～

材料（2 人份）

里肌火腿（2 公分厚）…1 片
鹽、黑胡椒…各少許
麵粉…適量
橄欖油…½ 大匙
〈蘋果粒醬汁〉
┌ 蘋果…½ 顆
│ 白酒…½ 杯
│ 醬油…1 大匙
│ 橄欖油、芥末籽醬
│　　…各 ½ 大匙
└ 奶油…10g
水芹…適量

做法

1　火腿上撒鹽、黑胡椒，蘸上麵粉。蘋果切成 5 公分見方。

2　製作醬汁：鍋裡以中火熱橄欖油，放入蘋果炒約 1 分鐘後，倒入白酒，蓋上鍋蓋以最小火燜煮 2～3 分鐘。蘋果軟化後，加入醬油、芥末籽醬與奶油拌炒。

3　洗淨鍋子，以中火熱油鍋，放入火腿煎至兩面微焦上色即可盛盤。淋蘋果粒醬汁，加上水芹裝飾。

料理的訣竅

蘋果粒醬汁
讓火腿變高級！

淋上滿滿吃得到蘋果滋味的醬汁，讓家常的煎火腿排立刻升級。

啤酒、葡萄酒、Highball 調酒……跟任何酒都很搭的高級下酒菜。火腿與蘋果非常相搭，讓人發現新的好滋味。

（第 15 集〈厚切火腿排〉）

辣椒風味
炒緞帶櫛瓜

柴漬茄子薑
乳酪蘸醬

入口即化的鯷魚香料
乳酪烤大蔥

苦椒醬
煎山藥

用削皮刀很方便！脆脆的口感令人上癮。

香氣十足的洋風下酒菜。

辣椒風味炒緞帶櫛瓜

材料（2人份）

櫛瓜…1 根
薄蒜片…1 瓣
辣椒丁…1 根
鹽、黑胡椒…各少許
酒…2 大匙
橄欖油…1 大匙

做法

1　櫛瓜以削皮刀縱向削皮。

2　熱油鍋，放入蒜片、辣椒丁
　以中火炒香後，加進櫛瓜薄
　片稍微拌炒。加入鹽、黑胡
　椒、酒，蓋上鍋蓋燜煮約 1
　分鐘即完成。

（第 21 集〈辣椒風味炒春甘藍〉）

（第 20 集
〈燻漬蘿蔔乾與馬斯卡彭乳酪〉）

賣相可愛，

可以華麗上桌的全新菜色。

柴漬茄子薑乳酪蘸醬

材料（2人份）

奶油乳酪…200g
柴漬茄子…40g
薑泥…少許
切邊吐司…適量

做法

1　柴漬茄子切成大塊的丁。奶
　油乳酪放至回溫。

2　在碗裡拌開奶油乳酪，加入
　柴漬茄子、薑泥拌勻。盛盤，
　可以搭配對半切的烤吐司。

料理的訣竅

味道與外觀皆美味的柴漬醬菜

柴漬獨特的深紫色加入乳酪
就成了可愛的淡粉色。美照
就靠這道了！

大蔥煨得入口即化很有法式前菜風，

加入香濃乳酪去烤就對了。

入口即化的
鰑魚香料乳酪烤大蔥

（第 20 集〈乳酪烤長蔥〉）

材料（2人份）

大蔥的蔥白…3 根
蒔蘿…2 株
A ┌ 鰑魚丁…2 片
　│ 酒…¼ 杯
　└ 橄欖油…1 大匙
披薩用乳酪…80g

做法

1　蔥白切成 5 公分長，放入厚質地的鍋子後，倒入 A。蓋上鍋蓋，以小火燜煮約 15 分鐘。蒔蘿切末。

2　蔥放入耐熱器皿，撒上蒔蘿，鋪上乳酪，以烤箱烤至乳酪變色即可。

濃郁的韓風照燒醬，

配上山藥如此美味。

苦椒醬煎山藥

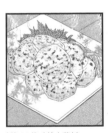

（第 11 集〈煎山藥〉）

材料（2人份）

山藥…250g
A ┌ 苦椒醬、醬油、酒、味醂
　│ 　…各 1 大匙
　└ 蒜泥…1 瓣
麻油…1 大匙
蔥花…適量
溫泉蛋…1 顆

做法

1　山藥帶皮切成 1 公分厚片。均勻混合 A。

2　鍋裡熱麻油，山藥一片片鋪好，蓋上鍋蓋轉小火，煎約 3 分鐘後再翻面煎 3 分鐘。

3　倒入 A，煮滾後盛盤，放上溫泉蛋，撒蔥花。

只要一種食材就能變出小而美的下酒菜，非常理想。

～ 第五章 ～

\ 深夜吃或減肥中都不怕！/

可以盡量吃
也不會發胖的晚餐

晚餐就是要吃得健康一點……
雖然明白這個道理，但又累又餓時誰還想費心準備？
使用大量青菜，
能夠毫無罪惡感、隨心所欲地享用的深夜食堂料理。
即使正在減肥，也能吃得心滿意足。

第五章的老闆是…

重信初江 小姐

Profile

料理研究家。從以隨手可得的食材製作的簡單菜餚，到旅遊時邂逅的異國料理……全都游刃有餘的實力好手。服部營養專門學校調理師科畢業後，在織田調理師專門學校擔任助理，之後成為料理研究家夏梅美智子老師的助手，接著自立開業。常見於電視料理節目、雜誌與廣告版面等，活躍於各領域。著作甚豐，有：《這才是正確的傳統菜餚100道》（主婦與生活社出版）、《一碟小菜》（池田書店出版）。

入味又美味的關東煮，輕鬆做，一點也不費時。

關東煮

材料（2～3人份）

炸魚餅（喜歡的口味 2 種）…各 4 個
打結的蒟蒻絲…8 個
蕪菁…2 顆
小番茄…8 顆
A ┌ 高湯…3 杯
　├ 醬油、味醂…各 2 大匙
　└ 鹽…少許

健康的訣竅

蒟蒻絲是熱量與醣質都
低的優秀食材

蒟蒻絲不只熱量與醣
質低，也富含膳食
纖維，能替腸胃大掃
除，還是提供飽足感
的優秀食材。

做法

1　炸魚餅以廚房紙巾吸油，蒟蒻絲以熱水燙過
　　後瀝乾。

2　蕪菁留住 3～4 公分長的莖，去掉根鬚對半
　　切。蒂頭的泥土洗淨後瀝乾。小番茄去掉蒂
　　頭。

3　鍋中加入 A，煮滾後放進炸魚餅與蒟蒻絲。
　　煮 5 分鐘後，加入蕪菁再煮 3～4 分鐘，接
　　著放小番茄，煮滾後關火（蕪菁留意別煮太
　　爛）。可以的話先放涼，要吃時再加熱會更
　　入味。依照個人口味蘸黃芥末食用。

#關東煮　#入味　#暖呼呼　#健康美味
#減肥小幫手　#擺一晚最好吃

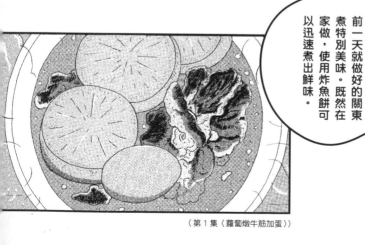

前一天就做好的關東
煮特別美味。既然在
家做，使用炸魚餅可
以迅速煮出鮮味。

（第 1 集〈蘿蔔燉牛筋加蛋〉）

＃豬肉與大白菜 ＃中式泡菜 ＃名店的好滋味 ＃漬物萬歲 ＃冰箱常備料理 ＃這個會吃上癮

使用酸白菜，在家就能輕鬆品味發酵的酸香！

酸菜白肉鍋

材料（2～3人份）

豬肉片…200g

酸白菜（自家陳年醃製或市售皆可，放
久一點會更夠味）…400g

冬粉…50g

蒜片…1 瓣

A ┌ 酒…½ 杯
　│ 水…3 杯
　│ 醬油…1 大匙
　│ 麻油…1 小匙
　└ 粗粒黑胡椒…¼ 小匙

做法

1　冬粉用水浸泡約 20 分鐘，泡開變軟後剪成適
　　口的長度。

2　酸白菜切大塊。

3　鍋中倒入 A，煮滾後加入豬肉片，邊涮邊攤
　　開肉片煮約 2 分鐘，撈除浮渣。加入酸白菜
　　與蒜片再煮 5 ～ 6 分鐘。

4　加入冬粉，稍微煮滾吸飽湯汁即可（請留意
　　冬粉擺越久越吸湯汁。每家酸白菜鹹度不同，
　　醬油視狀況增減）。

料理的訣竅

使用酸白菜，
好吃夠味簡直就像店家賣的

在中華料理店吃得到
的「泡菜口味」，以
酸白菜仿製。陳年酸
白菜更有滋味。

〈第 13 集〈一人份豬五花肉白菜火鍋〉〉

茄子容易吸油，
用鹽巴搓揉再下鍋就能健康美味！

能飽餐一頓的麻婆茄子

材料（2人份）

茄子⋯3 個
豬絞肉⋯200g
生薑末⋯1 塊（約 10g）
豆瓣醬⋯1 小匙
花椒（或山椒）⋯少許
A ┌ 水⋯1 又 ½ 杯
  └ 鹽⋯2 小匙
B ┌ 水⋯¾ 杯
  │ 醬油⋯1 大匙
  │ 太白粉⋯2 小匙
  └ 鹽、黑胡椒⋯各少許
沙拉油⋯1 小匙
麻油⋯⅓ 小匙

做法

1 茄子對半切後切成寬條狀。取一塑膠袋將茄子與 A 倒入，均勻混合後將空氣排出，密封靜置約 15 分鐘。倒掉鹽水，輕輕搓揉將水分擠掉（茄子容易氧化變黑，下鍋前擠掉水分即可）。

2 熱油鍋，放進薑末輕輕拌炒爆香，倒入豬絞肉，轉中火炒約 2 ～ 3 分鐘至微焦上色。

3 茄子下鍋炒約 1 分鐘，加入豆瓣醬與花椒拌炒，再倒入 B 炒至濃稠。起鍋淋上麻油即完成。

健康的訣竅

茄子以鹽巴搓揉後
可抑制吸油

對付總是吸飽油的茄子的小祕訣，以鹽巴搓揉後就不容易吸油，可以盡量吃，對身體有益。

辣度依個人口味
自行調整。
花椒一放，
味道就道地許多。

我開動了。

（第 18 集〈極辣麻婆茄子〉）

#麻婆茄子 #香辣好吃 #不油膩 #飽餐一頓 #深夜的一餐

暖胃又健康，宵夜就吃這一道！吃完身體暖和起來。

湯豆腐

材料（2～3人份）

嫩豆腐…1 塊（300g）
香菇…2～3 朵
鴻喜菇…50g（½ 小包）
美生菜…4 片（200g）
A ┌ 水…3 杯
　 │ 酒…⅓ 杯
　 └ 海帶…8 公分
B ┌ 酸桔醋…⅓ 杯
　 └ 蔥花…20g

做法

1 湯鍋裡加入 A，靜置 10 分鐘。

2 豆腐切成適口的大小。香菇去蒂，鴻喜菇剝成小塊，美生菜切成大片。

3 湯鍋開火，加入步驟 2 的食材煮滾，起鍋後加入 B 調料即可。

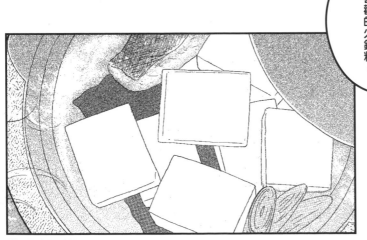

（第 8 集〈湯豆腐〉）

湯豆腐做法簡單又好吃，吃得到很多蔬菜，營養滿點。可依照個人喜好加入喜歡的火鍋料。

#湯豆腐 #暖呼呼 #火鍋 #健康的一餐 #減肥中 #好想瘦

芝麻的香氣醇厚濃郁，又健康，是適合宴客的涼拌菜。

棒棒雞

材料（2人份）

雞胸肉…1 片（200 ～ 250g）
蔬菜便利包…1 包（200g）
A ⌈ 酒…1 大匙
  ⌊ 鹽…少許
B ⌈ 辣油、芝麻醬、醬油、醋
  │   …各 1 大匙
  ⌊ 生薑泥…½ 小匙

（第 19 集〈棒棒雞〉）

做法

1　雞肉放上耐熱盤，淋上 A，輕輕蓋上保鮮膜後，放進微波爐以 600 瓦加熱 3 分鐘。

2　雞肉翻面，放上蔬菜再次蓋上保鮮膜，微波 2 分鐘後，再靜置 2 ～ 3 分鐘以餘熱讓肉熟透。

3　將雞肉撕成適口的大小，雞皮切寬條，與蔬菜拌勻後盛盤。耐熱盤裡的雞汁 ½ ～ 1 大匙與 B 拌勻後，淋在雞肉與蔬菜上即完成。

#棒棒雞 #滿滿的蔬菜 #宴會沙拉 #補充蛋白質

#辣炒蒜香義大利麵　#戒掉義大利麵　#改用蒟蒻也 OK
#蒟蒻最棒　#減肥一族

晚歸的日子，捨義大利麵吃蒟蒻才是正解！

微辣辣椒蒟蒻

（第 16 集〈微辣蒟蒻〉）

材料（2人份）

蒟蒻（白）…1 片（220g）

杏鮑菇…1 根（50g）

生火腿…3 ～ 4 片（30g）

蒜片…1 瓣

辣椒丁…½ 根

巴西里末…2 大匙

A ┌ 白酒…1 大匙
　├ 鹽…1 撮
　└ 粗粒黑胡椒…少許

橄欖油…½ 大匙

做法

1　蒟蒻切成適口的大小，稍微川燙瀝乾。杏鮑菇對半切，以放射狀切成 6 ～ 8 等份。

2　熱油鍋，加入蒟蒻以微弱的中火翻炒約 4 ～ 5 分鐘至縮水發出焦香。加入蒜片、辣椒丁、杏鮑菇炒約 2 ～ 3 分鐘後，倒入 A 調味。醬汁收乾即可關火，放入撕碎的生火腿，撒巴西里末拌勻即可盛盤。

懷念的好味道，讓人想家了！拌著溫泉蛋吃好滿足。

肉豆腐

材料（2人份）

牛肉片…150g
板豆腐…1塊（300g）
蒟蒻絲…150g
珠蔥…1根（20g）
A ┌ 酒…3大匙
　└ 醬油、砂糖…各2大匙
沙拉油…1小匙
溫泉蛋…2顆

做法

1　豆腐以廚房紙巾擦乾，放在調理盤上靜置約30分鐘至出水，倒掉水分，切大塊。

2　蒟蒻絲剪成適口的長度，熱水燙過後瀝乾。珠蔥切成3公分長。

3　以大火熱油鍋，炒牛肉約2分鐘，加入A炒至入味。醬汁變少後，加入½杯水煮滾後放入蒟蒻絲，再次煮滾後轉小火煮約7～8分鐘。中途不定時翻攪。

4　加入珠蔥煮約1分鐘盛盤，放上溫泉蛋。依照個人喜好撒七味粉。

今晚的肉末豆腐大獲好評。雖然大家都捧場是很好啦，但每個客人各有所好……

（第10集〈肉末豆腐〉）

簡單的調味就很棒。記得放上一顆蛋喔！

#豆腐 #和食 #溫泉蛋美味無法擋 #懷念的味道

使用納豆附的醬包就不必再加其他調味。

簡單的人氣居酒屋下酒菜。

油豆腐皮
鑲納豆乳酪

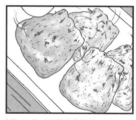

（第 10 集〈油豆腐納豆〉）

材料（2人份）

油豆腐皮…2 片
納豆…1 盒（40 ～ 50g）
蔥花…2 ～ 3 根（15g）
披薩用乳酪…50g

#納豆 #油豆腐皮
#滿滿的異黃酮
#我家就是居酒屋

做法

1　油豆腐皮以廚房紙巾吸油，對半切成袋狀備用（如果
　　不易打開，以筷子慢慢撥開）。

2　納豆附的醬汁與黃芥末拌勻（如果沒有，可使用醬油
　　½ 小匙、砂糖少許、黃芥末 ⅓ 小匙），與蔥花、乳酪
　　一同塞入步驟 1，以牙籤封好。

3　烤箱鋪上錫箔紙預熱，放上步驟 2 烤 5 ～ 6 分鐘即完
　　成。

顏色鮮豔的蔬菜擺盤很華麗，

豬肉與蔬菜的絕妙組合能幫助營養吸收。

各種豬肉卷

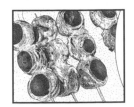

（第 6 集〈五花肉番茄卷〉）

材料（2～3人份）

薄切豬里肌肉片…12 片（約 240g）

金針菇…100g（1 小包）

甜椒（紅、黃）…各 ½ 個

綠蘆筍（細的）…6 根

A ┌ 酒…1 大匙
  │ 鹽…⅓ 小匙
  └ 黑胡椒…少許

沙拉油…½ 大匙

檸檬角…適量

做法

1　金針菇去根剝散，甜椒縱切後切絲。蘆筍根部折斷約 2 ～ 3 公分後對半切。

2　步驟 1 各自分成 4 等份後，搭配 1 片肉片捲起來。

3　熱油鍋，放入肉卷，封口面朝下，以中火煎約 2 分鐘翻面，各面需約 2 分鐘煎熟。

4　淋上 A 輕輕拌勻，醬汁收乾後起鍋盛盤，擠檸檬汁。

#肉卷 #肉卷派對
#也可以是明天的便當菜 #我家就是居酒屋

#章魚泡菜 #拌一下就好 #超級簡單 #酪梨入菜♡

泡菜拌入酪梨，滋味變得滑順綿密！

涼拌泡菜酪梨章魚

（第 19 集〈章魚泡菜〉）

材料（2人份）

水煮章魚腳…1 根（150g）
白菜泡菜…40g
酪梨…½ 顆
小黃瓜…1 條
A ┌ 麻油…1 小匙
　└ 醬油…½ 小匙

做法

1　小黃瓜外皮刨成綠白相間的花紋後滾刀塊，抹上額外的少許鹽。章魚切塊，酪梨切成 1.5 公分見方。

2　碗中倒入 A 與步驟 1，拌入泡菜即完成。

下酒菜就是要簡單做。菇類依喜好添加。

香菇鮭魚錫箔燒

材料（2人份）

鹽漬鮭魚…2 片
紫洋蔥…½ 顆
舞菇…1 包（80g）
金針菇…1 小包（100g）
A ┌ 白酒…1 大匙
　└ 鹽、黑胡椒…各少許
橄欖油…2 小匙

做法

1　紫洋蔥切成 2～3 公釐寬的絲。舞菇撥成適口的大小。金針菇去根後切一半。

2　將步驟 1 均勻鋪在兩張 25 公分寬的錫箔紙上，蔬菜上放鮭魚，倒入拌勻的 A，錫箔紙封口。

3　鍋子淋上額外的少許橄欖油，以廚房紙巾抹勻，放上步驟 2，蓋上鍋蓋。以稍強的大火加熱 1 分鐘後，轉為小火蒸 6～7 分鐘。打開錫箔紙，淋上橄欖油即完成。

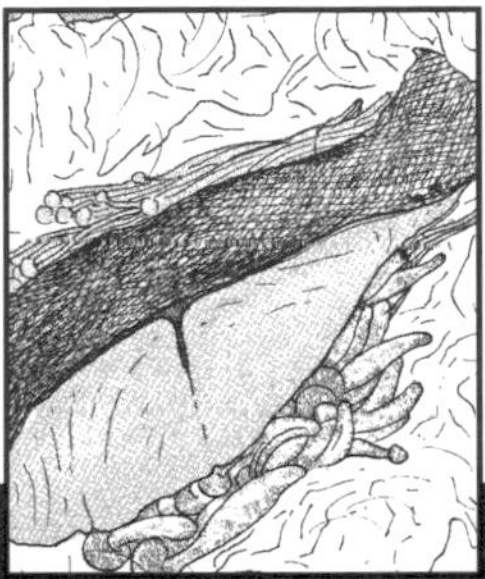

#simpleisbest #錫箔燒 #清洗好省事 #簡單做的一道菜

（第 20 集〈香菇鮭魚錫箔燒〉）

索引

食物的滋味,人生的滋味——

人生中的轉折與驚愕、眼淚與真心、心慌與淡定的考驗,
都在這裡被跨越,被療癒。

漫畫1~22集,好評熱賣中。

「深夜食堂」系列延伸作品

《四萬十食堂》
安倍夜郎・左古文男◎著

《深夜閒話》
安倍夜郎◎著

《深夜食堂料理帖》
飯島奈美◎著
安倍夜郎◎漫畫

《深夜食堂》的原點!第一本深
度走訪「日本最後的清流」四萬
十川的美食散策。

原創漫畫+29篇生活散文+26
幅手繪插畫,一次收錄!

從漫畫發想,嚴選日劇、電影
100%正宗食堂美味,29道老闆
拿手好菜+14道常客才會點的隱
藏版下酒菜。

深夜食堂 YY0357

我家就是深夜食堂

4 位人氣料理家只在這裡教的私房食譜 75 道
おうちで深夜食堂：大人気料理家 4 人がこ こだけで教える「めしや」メニュー 75 品

原作・漫畫　安倍夜郎
作者　小堀紀代美、坂田阿希子、重信初江、徒然花子
譯者　丁世佳

初版一刷　二〇二〇年十二月七日
初版二刷　二〇二一年一月二十八日
定價　新台幣三〇〇元

書封設計　Bianco Tsai
內頁排版　呂昀禾
責任編輯　詹修蘋
編輯協力　陳柏昌
行銷企劃　楊若榆、李岱樺
版權負責　李佳翰
副總編輯　梁心愉

日版編輯團隊
料理照片攝影　寺澤太郎
料理設計師　遠藤文香
內文　中野櫻子
裝幀・版型設計　細山田光宣＋狩野聰子（細山田デザイン事務所）

發行人　葉美瑤
出版　新經典圖文傳播有限公司
地址　10045 臺北市中正區重慶南路一段 57 號 11 樓之 4
電話　02-2331-1830　傳真　02-2331-1831
讀者服務信箱　thinkingdomtw@gmail.com
Facebook 粉絲專頁　新經典文化 ThinKingDom

總經銷　高寶書版集團
地址　臺北市內湖區洲子街八八號三樓
電話　02-2799-2788　傳真　02-2799-0909
海外總經銷　時報文化出版企業股份有限公司
地址　桃園市龜山區萬壽路二段三五一號
電話　02-2306-6842　傳真　02-2304-9301

國家圖書館出版品預行編目 (CIP) 資料

我家就是深夜食堂 / 安倍夜郎原著；丁世佳
翻譯 . -- 初版 . -- 臺北市：新經典圖文傳播，
2020.11
128 面；14.8x21 公分
ISBN 978-986-99179-9-5(平裝)

1. 食譜 2. 日本

427.131　　　　　　　　　　109016791

OUCHI DE SHINYA SHOKUDO
by Yaro ABE (Original Story and Illustration), Kiyomi KOBORI, Akiko SAKATA, Hatsue SHIGENOBU, turedurehanako
©2019 Yaro ABE, Kiyomi KOBORI, Akiko SAKATA, Hatsue SHIGENOBU, turedurehanako
All rights reserved.
Original Japanese edition published by SHOGAKUKAN. Traditional Chinese (incomplex characters) translation rights
arranged with SHOGAKUKAN through Bardon-Chinese Media Agency.

深夜食堂
シンヤ ショクドウ

安倍夜郎 ◎ 著

《酒友，飯友》

安倍夜郎 ◎ 著

10篇老作家的抒懷文章＋9則真實上演的平凡人間，安倍夜郎創作原點初初揭幕。

《深夜食堂之勝手口》

堀井憲一郎 ◎ 著
安倍夜郎 ◎ 漫畫・審訂

安倍庶民派的溫暖漫畫＋堀井京都式的散文風情，深夜食堂每晚開店前，在廚房後門流傳的種種機鋒幽默的飲食閒話。

《深夜食堂料理特輯》

Big Comic Original編輯部、dancyu編輯部
◎ 共同編著　安倍夜郎 ◎ 漫畫・審訂

《深夜食堂》幕後製作小組＆日本最暢銷的大眾美食雜誌《dancyu》破天荒攜手合作製作的美食特輯。